自控力

每天进步一点点

王颢◎编著

国家一级出版社 中国纺织出版社 全国百佳图书出版单位

内　容　提　要

生活中，大部分人碌碌无为，少数人成功，其中重要的原因就是成功者有较强的自控力。一个人的自控能力如何，他就有怎样的行为管理能力，就有怎样的成就，没有自控力就没有竞争力！

本书从心理学的角度出发，结合精彩的案例，帮助您认识自己、提升自控力，进而帮你战胜拖延症、驱除坏习惯、学会时间管理、情绪掌控等。相信阅读完本书，你的自律能力、意志力、效率都将得到进一步的锻炼和提高！

图书在版编目（CIP）数据

自控力：每天进步一点点／王颢编著．—北京：中国纺织出版社，2019.4

ISBN 978-7-5180-5985-0

Ⅰ.①自…　Ⅱ.①王…　Ⅲ.①自我控制—通俗读物　Ⅳ.①B842.6-49

中国版本图书馆CIP数据核字（2019）第043943号

责任编辑：闫　星　　特约编辑：李　杨

责任校对：武凤余　　责任印制：储志伟

中国纺织出版社出版发行

地址：北京市朝阳区百子湾东里A407号楼　邮政编码：100124

销售电话：010—67004422　传真：010—87155801

http：//www.c-textilep.com

E-mail：faxing@c-textilep.com

中国纺织出版社天猫旗舰店

官方微博http：//weibo.com/2119887771

三河市延风印装有限公司印刷　各地新华书店经销

2019年4月第1版第1次印刷

开本：880×1230　1/32　印张：7

字数：129千字　定价：39.80元

凡购本书，如有缺页、倒页、脱页，由本社图书营销中心调换

前　言
PREFACE

在谈自控力的问题以前，我们先来看看美国心理学家沃尔特·米切尔曾做过的一个实验。

一天，他来到一所幼儿园，挑选出了某个班级的所有4岁的小朋友。然后，他发给他们每个人一块软糖，并告诉他们，他有点事，大约20分钟就会回来。如果谁能在他回来前还保存着这块软糖，那么，谁就能获得第二块软糖；而假若谁做不到，自然就没有。

结果，如沃尔特·米切尔所预料的，有些孩子很馋，吃掉了这块糖，而有的孩子为了得到第二块糖，便坚持了20分钟。沃尔特·米切尔记下了这些孩子的名字，并对他们作了长期的跟踪调查。

等到他们高中毕业后，米切尔发现，原先那些坚持了20分钟的孩子有这样一些更为优秀的表现：他们有很强的自信心，更独立、积极、可靠，能够很好地应对挫折，遇到困难不会手足无措和退缩；而那些没能坚持的孩子长大后大部分都表现出退缩羞怯、经不起挫折失败、好妒嫉、脾气急躁等特点。更令人吃惊的是，两者在学习成绩上也有显著的差异，前一种孩子的学习成绩要远远好于后一种孩子的成绩！

这个实验的最终结果表明，孩子的自控能力，在一定程度上决定了他人生的未来。它同样也告诉生活中的我们，一个人的自控心理和自控力如何，直接关系到他在人生路上走得是否平衡，那些有所成就者，必备的特质之一就是自控力强。

“上帝要毁灭一个人，必先使他疯狂。”一个人，一旦失去自制力后，他距离灭亡也就不远了。的确，一个人连自己的行为也不能控制，又怎么能做到以强烈的力量去影响他人、获得成功呢？

那么，什么是自控力呢？所谓自控力，即自我控制，指一个人对自身的冲动、感情、欲望施加的控制。自控力是一个人成熟度的体现，没有自控力，就没有好的习惯。自控力属于意志力的范畴，一个人的自控力如何，直接关系到他的健康程度、人际关系好坏乃至事业成败，日常生活中，我们都应该学会掌控各个方面，包括吃什么、做什么、说什么、买什么。

美国心理学协会称，美国人认为缺乏意志力是完成目标的最大绊脚石。其实，要做到自控，我们必须要先做到有自知之明。认识到自己的意志力存在问题，是提升自控力的关键。

本书从心理学的角度出发，帮助人们找到自己在自控力方面的欠缺之处，并提出了全新的解决方法。读完这本书，你不一定会成为一个时时能自控的“圣人”，但至少你能对自己的行为有更好的理解，你能客观地看待自己，了解到失控是人之常态。当然，如果你能很好地运用本书中提出的自控方法，那么，你的自控能力必定会有所提高。

编著者

2018年11月

目　录

CONTENTS

第01章　与“心”对抗，自控先要从战胜自己开始　\\ 001

人之本性好逸，成功首先要有超强的自控力　\\ 002

诱惑与危险的存在　\\ 006

行动前先思考，“控心”是自控的前提　\\ 010

不断训练，自制力的获得不是一日之功　\\ 013

第02章　食欲横流，抵御美食诱惑是提升自制力的第一步　\\ 017

要自控，先从对美食说“NO”开始　\\ 018

浅尝辄止，享受“一块糖”的快乐　\\ 021

无节制的饮食，会有损身心　\\ 025

节食减肥，断不可取　\\ 030

第03章　摒除干扰，静下心来培养自主学习能力　\\ 035

有意摒除外在干扰，训练专注能力　\\ 036

别被“心中事”扰乱眼前的学习　\\ 041

自控能力如何，学习能力就怎样 \\ 045
带着兴趣学习，学习就不再乏味 \\ 049

第04章 收起你的“玩”心，享乐主义心理要不得 \\ 055

玩物丧志，告别享乐 \\ 056
持久的忍耐才能换来收获的果实 \\ 060
自控力助你实现困境中的蜕变 \\ 065
贪图享乐，人生处处是痛苦 \\ 069

第05章 运动起来，从身体锻炼中获得意志力 \\ 075

身体和心一样，越待越懒 \\ 076
坚持体育锻炼，能提升意志力 \\ 081
动起来，排解心理压力 \\ 086
你的意志力接受不了不现实的要求 \\ 090

第06章 控制欲念，摆脱金钱名利对你的束缚 \\ 095

拜金心理，只会让你一步步沉沦 \\ 096
失去对金钱的自我控制能力，会让你万劫不复 \\ 101
名利是一把双刃剑，学会控制你的欲望 \\ 104
欲望无止境，学会控制 \\ 109

第07章　战胜拖延，拖延与惰性总是狼狈为奸　\\ 115

你内心的热火正一步步被拖延症磨灭　\\ 116

不找借口，借口总是加剧拖延　\\ 121

立即行动，随时保持战斗状态　\\ 125

有计划有目标，路才有方向　\\ 129

第08章　控制自私本能，收获豁达内心　\\ 135

拓展心胸，超越自私本能　\\ 136

人为何自私　\\ 141

从潜意识出发，让理智控制自私心理　\\ 145

改变自私本能从改变潜意识开始　\\ 150

第09章　控制自我意识，思维独立方能驾驭人生　\\ 155

学会独立思考，别人云亦云　\\ 156

控制自我意识，学会自主决断　\\ 160

学会拒绝也是自控力的一种　\\ 165

眼光长远，别只在乎眼前的小事　\\ 169

第10章　戒除心理依赖，逐步摆脱从前的陋习　\\ 175

祸从口出，自控首先要管住自己的嘴　\\ 176

自我独立，别总是依赖他人　\\ 180

彻底戒掉对烟酒的依赖心理 \\ 184
调整心态，别总是让坏脾气越轨 \\ 189

第11章 集中精神，控制身心专注于眼前事 \\ 195

提升专注力，专注于眼前事 \\ 196
尝试热爱，就会真的产生热情 \\ 201
专注于今天，不让心分神 \\ 206
专注加坚持，就能看到成就 \\ 211

参考文献 \\ 216

第01章

与“心”对抗，自控先要从战胜自己开始

人生在世，每个人都渴望有一番作为，但事实上，并不是所有的人都取得了最后的成功，其中主要原因之一就在于是否有自控力。我们可以说，那些最有力量的人是能掌控自己的人。掌控自己才能掌控自己的人生，一个缺乏自控力的人妄谈成功，就像盲人在谈论颜色。而所谓自控力，即自我控制，是指一个人对自身的冲动、感情、欲望施加的控制。其实学会自控并不难，我们只须学会控制自己的心，因为自控力本身由心而来，只要我们遇到事情时多想想要不要去做、后果会怎样，相信我们一定能控制好自己的言行。

人之本性好逸，成功首先要有超强的自控力

古人云：“天将降大任于斯人也，必先苦其心志，劳其筋骨，饿其体肤，空乏其身，行拂乱其所为，所以动心忍性，曾益其所不能。”古之成大事者，往往能做到“动心忍性”，而这种自制力的来源就是自控心理，一个人只有认识自我，才能战胜自我、超越自我。金无足赤，人无完人，人最大的敌人就是自己。能够战胜自我的人，才是真正的强者。很多时候，自控心理，即自控力对于人的意义就好像汽车的方向盘对于汽车一样。不难想象的是，一辆汽车，如果没有方向盘，它就不能在正确的轨道上运行，最终也只能车毁人亡。而一个自控心理强的人，就像一辆有着良好制动系统的汽车一样，能够在很大程度上随心所欲，到达自己想要去的任何地方。因此，我们可以说，美好的人生，就是从自控心理开始的。

巴西球员贝利，被人们称为“世界球王”“黑珍珠”，在很小的时候，他在足球方面就表现出惊人的才华。

那次，贝利和他的同伴们刚踢完一场足球赛，已经精疲力尽的他找小伙伴要了一支烟，并得意地吸起来。这样，原先的疲劳就烟消云散了，然而，这一切被他的父亲看在眼里了，父亲很不高兴。

晚饭后，父亲把贝利叫过来，很严肃地问：“你今天抽烟了？”

“抽了。”贝利知道自己做错了事，但也不敢不承认。

令他奇怪的是，父亲并没有发火，而是站起来，在房间里来回踱步，接着说：“孩子，你踢球有几分天资，也许将来会有出息。可惜，抽烟会损害身体，你现在如果抽烟了，将使你在比赛时发挥不出应有的水平。”

听到父亲这么说，小贝利的头低得更低了。

父亲又语重心长地接着说：“虽然作为父亲的我有责任也有义务教育你，但真正主导你的人生的是你自己，我只想问问你，你是想继续抽烟，还是做一个有出息的足球运动员呢？孩子，你已经长大了，应该懂得如何选择了。”说着，父亲从口袋里掏出一沓钞票，递给贝利，并说道，“如果你不想做球员了，那么，这笔钱就拿给你做抽烟的经费吧！”父亲说完便走了出去。

看着父亲的背影，贝利哭了，他知道父亲的话有多大的分量。他猛然醒悟，拿起桌上的钞票还给父亲，并坚决地说：“爸爸，我再也不抽烟了，我一定要当个有出息的运动员。”

从此以后，贝利再也不抽烟了，不但如此，他还把大部分时间都花在刻苦训练上，球技飞速提高。他15岁加入桑托斯职业足球队，16岁进入巴西国家队，并为巴西队永久地拥有“女神杯”立下奇功。如今，贝利已成为拥有众多企业的富翁，但他仍然不抽烟。

欲胜人者先自胜！胜人者有力，自胜者强。谁征服了自己，谁就取得了胜利。学会自控，征服自己的一切弱点，正是一个人伟大的起始。大凡成功的人，都有极强的自控力。的确，自控心理能帮助我们抵制很多不良习惯，如懒惰、拖延等；能缓解不良情绪，如冲动、愤怒、消极；能抵御外界形形色色的诱惑等。如果你无法自我控制，那么，那些不良行为和情绪就会占据主导地位，乃至控制你。那么，你很快就会失去奋斗的激情、学习的动力，甚至偏离人生的正确方向，误入歧途。

可见，我们每一个人，都应该认识到自控心理对于人生发展的重要性。所谓自控，顾名思义，就是自我控制。一个人只有坚决地约束自己、战胜自己，最终才能战胜困难、取得成功。其实学会自控并不难，我们只需要做到控制自己的心，只需要在遇到事情时多想想要不要去做、后果会怎样，就一定能控制好自己的言行。

保罗·盖蒂是美国的石油大亨，但谁也没想到的是，他曾经是个大烟鬼，烟抽得很凶。

曾经有一次，他在一个小城市的某家小旅馆过夜，半夜的时候，他的烟瘾犯了，就想找一根烟抽，但他摸了摸上衣的口袋，发现是空的。他站起来，开始在包里、外套的口袋里等地方寻找，可是都没有。于是，他穿上衣服，想去外面的商店、酒吧等地方买。没有烟的滋味真难受，越是得不到，就越想要，他当时就是很想抽烟。

就在保罗·盖蒂穿好出门的衣服、伸手去拿雨衣的时候，他突然停住了。他问自己：我这是在干什么？

保罗·盖蒂站在门口想，一个应该算得上相当成功的商人，竟然在半夜要冒雨、走几条街去买一盒烟。没多会儿，盖蒂便下定决心，把那个空烟盒揉成一团扔进纸篓，脱下衣服换上睡衣回到了床上，带着一种解脱甚至是胜利的感觉，几分钟就进入了梦乡。

从此以后，保罗·盖蒂再也没有拿过香烟，当然他的事业也越做越大，他成为世界顶尖富豪之一。

这里，我们看到了一个真正的强者，他懂得约束自己的行为，懂得为自己的所作所为负责。这样的人一定能在人生的道路上把握好自己的命运，不会为得失越轨翻车。

我们听过这样一句话：“上帝要毁灭一个人，必先使他疯狂。”这句话的意思是，一个人，一旦失去自制力，那么，他距离灭亡也就不远了。的确，一个人连自己的行为都不能控制，又怎么能做到以强烈的力量去影响他人、获得成功呢？

心理小贴士

失去控制的人生最终只能走向失败。唯有自制的人，才能抵制诱惑，有效地控制自身，把握好自我发展的主动权，驾驭自我。一个人除非能够控制自我，否则他将无法成功。

诱惑与危险的存在

我们知道，一个能战胜自己的人是无敌的。通常，我们遇到的最强大的对手往往不是别人，而是自己。我们要想参与激烈的竞争，并在竞争中取胜，首先必须做到自控。一个有自控心的人能够不断地克服陋习、完善自己；而一个不能自控的人则很容易被自己的一个小缺陷轻易地击败。人或强大或弱小，是由能否战胜自我决定的。然而，并不是所有的人都能控制自己的行为，这是因为，很多时候，我们生活的世界里总是会出现一些动摇我们内心的威胁，这些威胁让我们摇摆不定，忘却了应该如何作正确的决定，甚至做出错误的事来。关于自控力的威胁，我们可以总结为两大类：

一、危险逼近的时候

当遇到危险的时候，我们会本能地抵抗，比如，当别人用武器击打我们时，我们会用手挡住自己的头部，然后可能会自卫反击；当别人辱骂我们时，我们可能会以牙还牙；当别人做了一些对我们不利的事情时，我们会生气、愤怒……事实上，事后我们会发现，这些行为并不一定是正确的，有时候甚至会让我们陷入情绪带来的恶性循环中，愤怒与生气以及其他一些负面情绪对于解决危险因素本身并无益处，反而会让我们找不到头绪，此时，“心”的自控很重要，我们应该学会把注意力和感知力集中在危险源和周边的环境上，而非自身或其他什么东西。

曾经，有一个经验丰富的高级间谍被敌军抓住了。他立即想到，要想逃脱，就必须装聋作哑。当然，敌军也怀疑他是否真的听不见。于是，他们开始运用各种方法盘问他，无论是诱惑还是欺骗，他都不为所动。于是，到最后，敌军审判官只好说：“好吧，看起来我从你这里问不出任何东西，你可以走了。”

这个间谍心里当然明白，这只不过是审判官检验他是否真的听不见的一个方法而已。因为一个人在获得自由的情况下，内心的喜悦往往是抑制不住的，如果他此时听到审判官的话后立即表现得很愉快或者激动起来，那么，就证明他听得到审判官的话，他也就不打自招了。因此，他还是站在原地，于是反复审问继续进行。最后，这名审判官不得不相信，他真的不是间谍。

就这样，有经验的间谍的生命，以他特有的自制力，保存了下来。

看完这个故事，我们不得不惊叹，多么精明的间谍。此处，他之所以能保存自己的生命，就在于他拥有超强的自控力，假如他在获得自由的情况下没有抑制住内心的喜悦，那么，他势必会露出破绽而丧失存活的机会。

在这一问题上，拿破仑·希尔也是这样做的。每当他遇到别人用难听的言辞来批评他时，他总能做到自我屏蔽，让自己免除无谓的烦恼。从那个时候起，拿破仑·希尔便结交了更多的朋友，且减少了很多的敌人。这成为拿破仑一生中一个非常重要的转折点，他说："我知道，一个人只有先具备了自控能力，才能去控制别人。"

二、诱惑逼近的时候

当一人遭遇诱惑时，他的大脑会自动地释放出一种叫作多巴胺的神经递质，它进入大脑后会控制注意力、动机和行动力的区域。

诚然，我们每个人都有欲望，这是不可能消除的，但我们必须学会对抗和控制它。尤其是在物质财富极大丰富、文化多元的现代社会，我们如果不能控制欲望，那么，就很容易迷失自我。

有一家大公司准备用高薪雇用一名小车司机。经过层层筛选和考试之后，只剩下三名技术最优良的竞争者。主考官问他们：“悬崖边有块金子，你们开车去拿，认为距离悬崖多近而又不至于掉落呢？”

“2米。”第一位说。

“0.5米。”第二位很有把握地说。

“我会尽量远离悬崖，越远越好。”第三位说。

结果第三位竞争者被留了下来。

可见，对于诱惑，你没有必要去和它较劲，而应该离得越远越好。

总之，在诱惑尤其是不良诱惑面前，我们一定不能“上当”，而应该做到：一旦树立你找准的目标，就要一心一意，更要懂得外界的诱惑对你来说就是成功道路上的绊脚石，并且这些绊脚石和我们生活中遇到的困难不一样，并不能被当作垫脚石。我们要远离这些诱惑，更要学会抵制诱惑。这样，我们才会离成功更近一步。

心理小贴士

危险和诱惑是对我们的意志力的威胁，要提高自己的意志力，对抗这两种威胁，我们需要从“心”做起。你应该问自己的是“我的身体到底在做什么”，而不是“我到底在想什么”。当你得出正确的答案时，你就能采取正确的行动了。

行动前先思考，“控心”是自控的前提

生活中，我们每个人都需要有一定的自控力，自控力是一个人成熟度的体现。没有自控力，就没有好的习惯。没有好的习惯，就没有好的人生。所谓自控力，是指对一个人自身的冲动、感情、欲望施加的正确控制。然而，生活中，我们常常会遇到一些扰乱我们脚步的事，它会让我们产生各种情绪，或开心，或悲伤，或愤怒，或懈怠，如果我们跟着情绪走、不进行自控，那么，我们就可能会因为一时冲动而做出让自己后悔的事来。其实，要解决这一问题，我们首先要学会“控心”。我们在心情激动前，不妨先深呼吸一下，让自己冷静下来，这样，便能远离冲动、抑制激动、驶向开心的彼岸。

有一天，小林和老公去购物，两人走进一家裤行。

小林走近一位售货员，问：“有靴裤吗？”售货员本来低着头，这时瞟了小林一眼，不耐烦地说：“长靴还是短靴？”小林说：“长靴。”“中间一排。”小林看了看，看中一条绒布料的，就伸手去拿，忽然从背后传来了叫喊声：“别拽别拽。”小林就停了下来。那个售货员一边给另一位顾客拿裤子，一边牢骚满腹：“烦死我了。”随后鼻子不是鼻子、脸不是脸地对小林说：“哪条？”一见那架势，小林着实有点生气了，但她深呼吸了一下，还是忍住了，觉得这不值得计较。于是她不买了。她迅速地走向门口，丈夫正在那儿等她。正好，店主人也在门口，看见了刚才发生的事，便找了另一位售货员为小林服务，这个服务员说：“您可真是海量啊，一般去她那儿买衣服的人没有不和她吵架的，您的修养可真是少见。”小林一听，倒也挺开心的。

小林面对这样的售货员，没有和她理论，而是先深吸了一口气，调整了自己的情绪，然后离开了，她获得了别人对她修养的肯定。这就是一种自控能力。其实，本应该如此，何必生气呢？如果和售货员斤斤计较，只会徒增烦恼。

无论遇到什么情况，激动都会使人做出失去理智的事，它给人带来的负面影响可能远远大于我们的想象，会给我们的生活带来深远的影响。

人在遇到一些或悲或喜的事情时，都会激动，并且很难一下子冷静下来，所以，当你察觉到自己的情绪非常激动，眼看要控制不住时，一定要及时地转移注意力，克制冲动的情绪。对此，我们可以尝试以下几种让自己的行为慢下来的方法：

一、放慢语速，调整心情

如果你在说话，你可以先试着让自己的呼吸均匀下来，然后作自我暗示：“放松，冷静。”如果你的情绪很激动，那么，你不妨先闭上眼睛，然后想想让自己高兴的其他事情，并尝试着站在其他人的角度审视自己的行为，慢慢地，你就能冷静下来了。

你也可以尝试一下“数数”法。不过，这里的数数并不是按照常规数字顺序来数，因为这样做不会启动我们的理性程序，而应该打乱顺序，比如，1、4、7、10……这样一来，你的理性思考能力就渐渐地恢复了。

描述法也许能帮到你。比如，你可以这样描述，“这个茶杯是黄色的……他穿的毛衣是黑色的……”数10~12项物体的颜色，之后你会发现自己冷静多了。

二、理智思考，替换非理性的“自发性念头”

你要明白的一点是，真正让你产生不良情绪的是你自身的想法，而不是别人的行为。换句话说，决定我们情绪的关键，不是发生了什么事，而是我们如何解释事件。

例如，你可以告诉自己：“我知道我的能力是极佳的，不会因为你的一句话而受到影响！”这样自我暗示，愤怒自然无处可生，而会被其他情绪所替代。

三、你可以使用建设性的内心对话

既然想法是导致情绪的主因，容易动怒的人就应该加强内心的想法，准备一些建设性的念头，以备不时之需。例如，“不论如何，我都要平静地说，慢慢地说”“我才不会生气，生气就等于暴露了自己”等。

还有一点，就是在我们控制住冲动的情绪后，还要重新思考，为什么会有冲动的情绪，为什么自己不能从一开始就看开点，为什么不能很好地控制情绪，这样才能从源头遏制冲动，努力地打开心结。

总之，遇事先告诉自己要三思而后行是一种有效的转移激动情绪的方法，你应该反复地提醒自己，千万别立刻发泄，否则就会“伤”了自己，也会伤害他人。

心理小贴士

生活中令我们激动的事情实在太多了，这无可厚非，但我们必须要做到自控，最有效的做法就是先让自己放慢速度，而不是给自己加速（如应激反应）。“三思而后行”就是让你慢下来。

不断训练，自制力的获得不是一日之功

我们知道，意志力被认为是一个人心理素质优劣、心理健康与否的衡量标准之一，也是人生未来成功的关键因素之一。自控力是意志力的一个重要方面，生活中的每个人，在追逐人生目标的过程中，都必须在自控力这方面训练自己，它不仅对我们当下的性格品质的形成有帮助，对我们今后的人生道路也有很大的影响。

韩愈自幼父母双亡，是哥哥嫂嫂把他抚养成人，因此，他比一般的孩子更成熟、更努力。从7岁开始，他便出口成章。后来，哥哥因为官场受牵连，被贬岭南。他只好和哥哥嫂嫂一

起搬迁。又过了几年，哥哥死了，他跟着嫂子、带着哥哥的灵柩从岭南回到中原。那时，兵荒马乱，他们只得半路停在宣州（今安徽宣城）。可以说，韩愈命途坎坷，历尽艰苦。

尽管生活如此凄苦，但韩愈并没有被打垮，反而被激发出更大的学习的热情。在后来的《进学解》一文中，韩愈曾借学生的口气说出了他在治学方面所下的功夫："焚膏油以继晷，恒兀兀以穷年。"这句话的含义是：白天需要苦读，即使到了夜里，还是会点煤油灯继续用功，努力不懈。正是靠着这样的努力，韩愈的学问才如此精湛，尤其是散文，写得气势磅礴、文采斐然，他也被誉为"唐宋八大家"之首。

韩愈的一生坎坎坷坷，但勤奋的他最终取得了文学上的辉煌。人的本性中，有很多消极的部分，其中就有惰性，无疑，懒惰是成功的障碍。要克服惰性，你就需要自制。反之，如果一个人自认为很聪明、不继续学习，那么，他就无法使自己适应急剧变化的时代，就会有被淘汰的危险。

当然，我们需要控制的不仅是惰性，还有欲望、贪婪、自私等，那么，我们应该如何增强自己的自制力呢？可以从以下几个方面训练自己：

一、充分预测困难，作好准备

无论做什么事情，都需要专注。在朝着这个目标去做的过程中，会有很多困难接踵而至。如果在做事之初没有准备好，那么这样的突袭很容易使你的意志溃不成军。所以，在做每件事情之前，都要充分预测可能遇到的阻碍和诱惑，并为之作好准备，想到应对的办法。

二、全局思考

通常情况下，当我们想去做一些不必要的事情寻求快乐的时候，为了让自己心安理得，我们会给自己找一些借口，比如，郁闷、没心情学习等，这些借口大部分过分强调即时性，实际上是我们有意识地过分夸大了这些看似紧急但毫无意义的事情。这时我们可以微笑着问自己：“是不是借口？”然后我们从全局来考虑：我们是不是要追求远大的目标、长久的快乐？我们的人生目标难道是看更多的精彩节目？这些即时的东西对我们有什么实质的帮助？相比学习，如果去贪图眼前的小快乐，自己将会损失那个远处的大快乐，值不值？权衡之下，你会作出明智的决定。

三、自我暗示

当自己学了一会儿就感到静不下心时，闭上眼睛，调整呼吸，然后有意识地把自己学习一段时间后产生的厌倦情绪忘掉，暗示自己其实是马上要学习，然后做出奋斗的表情，开始继续学习。

四、多分析结果

你不妨学习那些成功人士思考问题的方式，让自己的心静下来，多分析分析事情的前因后果：如果多花些时间学习，会取得什么样的结果；如果贪玩，把时间花在吃喝玩乐上，又会有什么样的结果。关于这些问题的比较，其实，你可以列一个表，在表里，我们填入这些内容：现在忍耐吃苦的话，将来会获得什么快乐；现在急于求乐的话，将来会承受什么痛苦。相比之下，你就能看到事情的不同面和不同结果，自然也就知道眼下自己该做什么了。

五、给自己找一个学习的榜样

这种方法，需要你首先选定几个你认为已经很成功的人，比如，比尔·盖茨、戴尔·卡耐基、松下幸之助、李嘉诚、李政道……当然，你也可以选择一个你认为自制力很好的人，了解一下他是怎么勤奋工作学习的。有了榜样，你就会想到那些人正在干什么，你也就可以自觉地取舍了。

六、行为惯性法

比如，你可以给自己划定一个比较容易拿得出的固定时间，规定在这个固定的时间内只能做哪些事情。例如，每天晚上11点（睡觉前）喝一杯牛奶，这是很容易做到的，你的头脑会渐渐地变得愿意执行任务。在习惯之后，你再逐步地加入一些难度大的任务，待一切形成习惯之后，自制力也就随之形成了。

心理小贴士

自制力的获得不是一蹴而就的，需要我们在日常生活中不断地“修心”，只有训练出自制的心，才能有效地控制自身，才能驾驭自我，最终驾驭自己的人生。

第02章

食欲横流，抵御美食诱惑是提升自制力的第一步

我们知道，在人所有的需求中，对食物的需求是第一位的，人只有摄入一定的食物，才能获得能量，才能维持正常的生活。随着人类生活水平的逐渐提高，人们对食物的要求越来越高，同时，食物的种类也越来越多，因此，食物对人们的诱惑越来越大。很多人无法控制美食给自己带来的诱惑而产生了一些苦恼，如肥胖、疾病等。事实上，对美食的抵御是人类自控力的初级阶段，一个人如果只停留在满足自己的口腹之欲上，那又何谈成大事呢？因此，我们每个人都应该练就抵御美食诱惑的心理能量，只有拥有健康、轻盈的身体，你才能以更好的状态去迎接人生的种种挑战！

要自控，先从对美食说“NO”开始

中国人常说：“民以食为天。”中国是饮食文化悠久的国度，人们讲究吃、爱吃，在中华大地上，有着各种各样的美味。我们从不否认食物对人的健康的重要性，“人是铁，饭是钢”，食物能为我们的身体提供能量，我们只有在保证身体能量充足的情况下，才能进行正常的工作和学习。但是，对于食物，我们绝不能毫无抵抗力，事实上，抵御美味的诱惑是自控的第一步。如果一个人连自己的嘴都控制不住，又怎么能控制自己的行为，最终掌控自己的人生呢？

凯瑟琳是个典型的女强人，从大学毕业到现在已经有八年时间。在这八年的时间里，她为公司带来了很多利润，如今的她已经是这家公司的副总了。但令她烦恼的是，和她的工作成绩一样，她的体重也是“蒸蒸日上”。这主要是由她的饮食习惯导致的。

曾经，她最大的爱好就是在办公室的抽屉里放上巧克力，她每隔半小时就得吃一块，甚至一次吃上五六块，她很喜欢巧克力在嘴里融化的感觉。只要能吃上一口巧克力，即使再累，她也会立即有了精神。

而如今的凯瑟琳却不知如何是好，她知道问题出在这里，但怎么才能解决呢？

凯瑟琳是个很有意志力的女人，在上学时，她曾在半个月内把成绩从全班第十名提升到全年级第三，她曾经为了在校运动会上拿到800米赛跑的第一名，每天早上5点起来锻炼；工作以后，在和一个客户打交道的过程中，她被客户拒绝了十几次却依然没有放弃……想到这些，凯瑟琳问自己，难道区区几块巧克力能打倒自己吗？

说做就做，她从自己的抽屉里撤掉了这些巧克力，把它们分给了办公室的那些下属。当然，她常常会怀念那些巧克力的味道，她完全可以去他们的桌子上拿一块尝尝，因为他们并不知道副总把这些巧克力分给自己的真实原因。曾经一段时间内，来自巧克力的压力一直沉甸甸地挂在她的心头。但她问自己，如果自己偷偷地吃了一块，那么，自己会找借口鬼鬼祟祟地吞下另一块吗？这种压力如此之大，以至于凯瑟琳宁愿给10米开外的下属打电话或发邮件，也不愿意走过去面对他们桌上诱人的巧克力。

就在三周以后，凯瑟琳发现，她完全能控制住自己对巧克力的欲望了。她甚至能弯下腰去闻下属桌上巧克力的香味而不去吃。

凯瑟琳的很多姐妹都感到诧异，但她们依然拿着自己心爱的奶昔、薯条，慨叹自己的意志力如此薄弱。相比之下，凯瑟琳也无法想象自己竟有这么坚强的意志。不过，无论怎样，她做到了，现在，她又看到了自己昔日苗条的身材，现在的她更有自信了。

她不知道这是因为她接受了自己的欲望，还是因为她想到了那些随身携带巧克力的学生，但无论如何，她感到很高兴。

上面案例中的凯瑟琳是个自控力很强的女人，在意识到巧克力对于自己身体的危害之后，她果断地“戒掉”了巧克力。这对于很多无法抵抗住美食诱惑的人来说是一个最好的激励。

的确，美味是一种挑战——挑战人类的勇气，也挑战人类的理智。我们常常以尝遍天下美味为乐事，但是，我们为了口腹之欲所付出的代价，应该让我们明白这个浅显的道理：对于美味的诱惑，我们同样应该学会抵抗。

在我们需要抵抗的诱惑中，有名利地位的诱惑，在我们需要控制的欲望中，有对物质的欲望，有对精神的欲望，但无论如何，我们首先要做到的是抵御美味的诱惑，它是自控的第一步。因为口腹之欲是人的最基本欲望，如果连最基本的欲望都无法控制，在其他更高层次的欲望面前，我们又怎么能抵挡得住呢？我们不难发现，那些失败者都是自控力差的人，而他们最大的特点之一就是对食物不加节制，他们控制不住自己的嘴，自然也就无法控制自己的意志，更不可能取得辉煌的成就。

从另外一个方面看，一个人若对食欲没有自控力，如禁不起美食佳肴的诱惑，暴饮暴食、大吃大喝，就会营养过剩，造成肥胖，引发高血压、脂肪肝等各种营养性的疾病。另外，酷嗜烟、酒，经常抽得天昏地暗、喝得烂醉如泥，这些行为都会严重地损害身体健康，从根本上削弱你追求成功和幸福的资本。

心理小贴士

一个人要追求成功和幸福，就需要有较强的自控力，这是毋庸置疑的。自控力是成功和幸福的助力、保障，同时也是一个人性格坚强与否的重要标志。自控力体现在很多方面，但抵御美味的诱惑是自控的第一步，一个能控制自己口腹之欲的人，才能谈得上控制自己的思想和行为，才能获得真正幸福的人生。

浅尝辄止，享受“一块糖”的快乐

在物质丰富、文化多元的现代社会，各种各样的诱惑也开始充斥在人们周围，人们很容易在追求物质的感官享受中逐渐迷失自我，就像一艘失去航向和动力的大船，或远离航道，或停滞不前。事过之后才清醒，却只剩追悔莫及、抱憾终生。在众多诱惑之中，我们最先应该抵制的是来自美食的诱惑。生活中，人们常说："要想抓住一个男人的心，先要抓住一个男人的胃。"这句话足见美食对人们的诱惑。事实上，要控制自己的欲望，管住自己的嘴是第一步。

你是否有过这样的经历：你的体重已经明显超标，但看到广告单上的美食宣传，你还是忍不住要去尝尝？你是不是一个天天打着减肥口号而从未实施的人呢？你是不是将自己的格言定为"不吃饱饭，哪来的力气减肥呢"？一个连自己的嘴都把控不了的人，又怎能成大事呢？

美国心理学家沃尔特·米切尔曾做过这样一项实验。

一天，他来到一所幼儿园，挑选出了某个班级的所有4岁的小朋友。然后，他发给他们每个人一块软糖，并告诉他们，他有点事，大约20分钟就会回来，如果谁能在他回来之前还保存着这块软糖，那么，谁就能获得第二块软糖；而假若谁做不到，自然就没有了。

结果，如沃尔特·米切尔所预料的，有些孩子很馋，吃掉了这块糖，而有的孩子为了得到第二块糖，便坚持了20分钟。沃尔特·米切尔记下了这些孩子的名字，并对他们作了长期的跟踪调查。

等到他们高中毕业后，沃尔特·米切尔发现，原先那些坚持了20分钟的孩子有这样一些更为优秀的表现：他们有很强的自信心，更独立、积极、可靠，能够很好地应对挫折，遇到困难不会手足无措和退缩；而那些没能坚持的孩子长大后大部分表现出退缩羞怯、经不起挫折失败、好妒嫉、脾气急躁等特点。更令人吃惊的是，两者在学习成绩上也有显著的差异，前一种孩子的学习成绩远远好于后一种孩子的学习成绩!

这个实验的最终结果表明，孩子的自控能力，在一定程度上决定了他人生的未来。它同样也告诉生活中的我们，一个人的自控心理和自控力如何，直接关系到他在人生路上走得是否平衡，那些有所成就者必备的特质之一就是自控力强。

那么，生活中的人们，在数量不同的“糖”面前，是否能看到背后的区别呢？假设现在有三块糖，你大可以一吃为快，将三块糖全部吃完，但这就意味着接下来你没有了糖；而那些聪明的人会选择一天吃一块，这样一来，接下来的两天，他们都能尝到“甜头”，并且，这是一种健康的饮食方法。研究表明，对于相同的食物，多分几次食用比一次性食用效果更好。在少吃多餐的情况下，所吃食物不会给肠胃造成负担，食物中的能量也会很快地被身体吸收。最为重要的是，后者训练了自己的自控力，一个能控制自己对美食的欲望的人才能谈得上控制自己更高层次的欲望。我们来看下面的案例：

这天，妈妈给了洋洋一块糖，然后她把另一块糖也放到洋洋面前，说："洋洋，现在有两块糖，你今天只能吃一块，不过你要实在忍不住了，还可以吃第二块，但是明天的糖就没有了。如果你不吃，明天妈妈会给你两块。"

洋洋很聪明，她歪着脑袋天真地问妈妈："那我今天都不吃，明天能给我三块吗？"

妈妈很吃惊，小小的洋洋居然这么问，不过她庆幸的是，洋洋才4岁，就已经有了这么强的自控能力了。于是，妈妈高兴地说："真'贪心'啊！"

一个小小的孩子都能有这样的自控能力，那作为成人的我们呢？其实，生活中，我们的周围何尝不存在"糖"的诱惑呢？在众多美食面前，我们是浅尝辄止，进而让明天和后天都有糖吃，还是一次性吃完所有的美食呢？其实，我们也能看到这两种选择会带来的不同结果，因此，我们应该作出明智的选择。

心理小贴士

生活中的任何一个人，要想让自己具备超强的自控力，首先要训练自己的初级自控——拒绝美食的诱惑。为此，你必须要看到的是"一块糖"和"三块糖"的区别，暴饮暴食与不加节制地饮食，不但会让你的身材和健康逐渐偏离正常的轨道，更重要的是，这表明你对自己的把控能力正在逐渐减弱！

无节制的饮食，会有损身心

我们知道，人类对食物的需求是与生俱来的，我们只有摄取能量，才能维持正常的生活。随着人类生活水平的逐渐提高，人们对食物的要求越来越高，同时，食物的种类也越来越多，因此，食物对人们的诱惑越来越大，事实上，我们每个人对于食物的需求量是适量的，这一点，在婴儿时就已经体现出来了。当婴儿的身体需要食物时，他们会啼哭，这是他们发出的饥饿信号，当他们被喂饱了食物后，他们便不再想吃了。但当他们长大后，他们逐渐丧失这个能力，并且，在某些人身上，这个能力终生都在衰退，而这些人往往最需要这个能力，尤其是那些暴饮暴食者。

事实上，我们早已看到了无节制地饮食对人的身心造成的伤害——它会导致消化功能失调，内分泌紊乱，会导致肥胖、脂肪肝，高血脂、高血压等一系列疾病；而在心理上，饮食无节制会让我们对食物产生一定程度的依赖心理。专家通过对肥胖者的研究发现，很多对食物有瘾的人开始时就是“无节制饮食者”“暴饮暴食者”，他们不理会身体的饥饿或饱胀，盲目地过量，而这种饮食心理和习惯又会加剧对身体的负面影响。

为什么会这样呢？几十年来，科学家们一直想弄清楚这个现象的原因。

20世纪60年代，科学家们作了很多研究，其中一些研究让饮食研究发生了革命性变化。他们曾经做过这样一个实验：

一天下午，研究人员找来一些被测试者，他们被安排在一个房间里做问卷，这些问卷的题目很多，他们需要做很长时间。

研究者在房间内放了一些零食，有巧克力，有奶昔。这些被测试者可以一边做问卷一边吃零食，在被测试者的旁边，还放了一个时钟。为了达到实验目的，研究者对时钟做了点“手脚”。研究者发现，当他把时钟调快一点时，肥胖者比其他人吃得多，因为时钟告诉他们，快到晚饭时间了，他们饿了。他们不留意身体的内部信号，而是根据时钟的外部信号吃东西。

这个实验给了我们一个启示：人们对食物的适量需求这一能力的消失是和人们自身的心理因素有一定关系的，他们并不是“吃饱了”就“不吃”了，也不是饿了才吃，而是根据外部信号而作出决定的。这一点，大概也是一些人暴饮暴食的原因。无论如何，我们必须在饮食上进行控制，否则，一旦我们的饮食习惯失去常性，我们就后悔莫及了。我们再来看下面的案例：

琳琳今年刚大学毕业，和很多毕业生一样，她也投入了找工作的大潮中，但令她沮丧的是，因为太胖，很多用人单位都拒绝了她。看到现在的状况，琳琳后悔不已。其实，一年前的琳琳还是个身材苗条的女孩，但失恋对她的打击实在太大了，她不知道如何排遣。一个朋友告诉她，吃东西能让自己的心情好起来，于是，她开始疯狂地吃，并发现这个方法似乎真的有效。就这样，失恋期过了，她却变成了胖子。更要命的是，她居然开始迷恋美食，以前逛街，她最大的爱好是买衣服，现在则是先打听哪里有好吃的。大学的最后一年，她整整胖了40斤，曾经那些瘦小的衣服再也穿不下去了，周围追求她的男生也没有了，她逐渐变得自卑起来，走在马路上，她总能感觉到周围人奇异的目光，如今，找工作四处碰壁的处境更是让她备感难受。

琳琳突然意识到，是该控制一下自己的饮食了……

从琳琳的故事中，我们看到了一个无节制饮食者遇到的苦恼。事实上，在我们的生活中，这是很多人无法攻克的难题。无节制饮食除了会引发一些身体健康问题（如肥胖）之外，还有其他许多方面的影响。在某一段时间内，我们的身体需要进行高负荷运转，由此，会出现一系列的生理反应，我们的生命力也会被破坏。另外，我们的自我形象也会受损，相对来说，人们更喜欢那些身材苗条的人，至少会因此获得一些审美愉悦。再者，我们的自信心、毅力等也会受到影响。无节制饮食很容易成为一个不良习惯，而且很难改掉。

专家警告说，一旦染上“吃瘾”，要想改变这种危害身心的饮食习惯，其实比那些有毒瘾和赌瘾的人戒掉恶习更艰难，因为我们每天都需要“吃”，以此来补充身体的能量，我们不可能彻底地戒掉“吃”。

可能很多身体肥胖的人在饮食上都有这种感受：他们有一些被禁止的食物，但他们偶尔会心痒，会主动去尝试一下这些食物，他们认为只吃一口没什么事，但他们没有料到的是，他们根本没有毅力控制自己不去吃第二口，且吃了一种被禁止的食物就会想吃第二种。等意识到这个问题的时候，他们发现自己已经在半小时内吃掉了相当于一个月被禁止的食物。

导致无节制饮食的关键是没有把自己的行为和最终目标联系在一起。你要问自己，你吃的目的是什么，吃完是否达到目的了。如果你能得出正确答案，你就能做出明智之举。

事实上，人们也找到了许多能够应付无节制饮食的方法。对于某些在饮食控制这一问题上意志力较差的人来说，最好的方法就是在饮食的时间、地点以及内容上预先设定好；同时，也有一些规则来帮助抵抗无节制饮食的欲望。

1.某些食物坚决不要尝试，也就是说，没有开始就不存在停止一说。

2.最好不要独自进食。在与他人同时进食时，暴饮暴食会让你感到尴尬，你也就能收敛自己的嘴。

3.尽量避免与那些与你有同样饮食问题的人一起进食，因为他们的饮食习惯也会给你错误的暗示。

4.不要在家中存储那些会诱惑你的食物。

5.用餐之后，请立即把所有的餐具刷洗干净，然后刷牙、洗脸，这样，有事可做的你便不会因为无聊而再去进食。

以上五点规则可能会对你有所帮助。另外，如果你实在无法控制自己的欲望，请打电话给你的朋友，告诉他们你的想法，让他们帮你劝导你。总之，你要对自己负责，要把无节制饮食的习惯彻底根除，而不能向它投降。

心理小贴士

无节制地饮食会对我们的身心产生巨大的危害：摄入食物太多，会导致肥胖、高血压、高血脂等一系列疾病。另外，饮食紊乱还会导致神经控制上的紊乱，而后又会加剧饮食紊乱，如此恶性循环，最终我们便很难摆脱饮食无度带来的苦恼。曾有医学专家提出了这样的忠告，在感到饿的时候再吃东西，吃得精致、素淡一点，快要饱的时候就坚决放下筷子，离开餐桌。这样，能帮助你控制自己的食欲。

节食减肥，断不可取

不难发现，我们生活的周围，肥胖者越来越多。那为什么会有这样的现象呢？有关研究表明，不良的饮食习惯是造成肥胖的重要原因。其主要表现为饮食无节制、吃喝太多，除了一日三餐之外，大部分人还有吃零食的习惯，实际上，这些零食中含有很高的热量和脂肪，还有人喜欢在睡前吃东西，而这些糖分和营养不能被及时地消耗掉，容易积存在体内转化成脂肪，从而导致肥胖。

找到这一原因后，很多人开始尝试减肥，他们认为，只要节食就能取得一定的效果，而实际情况似乎并不是如此。我们只有找到肥胖者之所以肥胖的内在原因，才能找到真正的解决方法。20世纪60年代，研究者针对肥胖者和体重正常者做了一个实验。

研究者提供了两种不同的花生：一种是带壳的，另一种是不带壳的。体重正常的人吃的量并没有因花生的种类而发生改变；而那些体重肥胖的人，他们吃的去壳的花生远远多于带壳的花生。

因为后者从不带壳的花生那里收到的信号是："来吃啊。"并且，这一信号远比那些带壳的花生所发出的更强烈。

通过这个实验，研究者刚开始假设的是，肥胖者体重超标的原因是：他们忽视了身体内部"已经吃饱了"的信号。

这个解释表面上看实在是很合理，但后来研究者意识到自己混淆了原因和结果。是的，肥胖者忽视内部线索，但这并不是他们变胖的原因。

那他们肥胖的真实原因是什么呢？

真相是：他们很有可能节食，而节食的结果是他们开始依赖外部线索，而不是内部线索。节食者的基本习惯是：他们根据计划吃东西，而不是内部需要。也就是说，一般来说，节食者很多时候是处于饥饿状态的。更准确地说，节食意味着学会不在饿的时候吃，最好学会忽视饥饿感。当然，在你严格遵循规则的时候，你的规则能帮你好好地控制体重，但一旦你违反一次规则，你的违反行为就很难停下来。正因为如此，所以即使你已经吃了两个汉堡、你已经喝了一大杯奶昔，当你看到甜品时，你还是有无法阻止的欲望。

因此，如果你是个肥胖者，你希望能减肥，那么你要认识到，节食对于你来说并不是什么好主意。

2007年，专家作过一次调查，调查结果表明，节食不仅对减轻体重或身体健康没有什么好处，而且被越来越多的证据证明有害身心健康。

我们的周围不乏这样的事例：那些节食者并没有好好地控制自己的体重，反而使得体重反弹到减肥前的水平，甚至还增加不少。很多研究结果显示：循环的节食会使得人的血压和胆固醇上升，会抑制人体的免疫系统，还会增加心脏病、中风、糖尿病和其他原因导致的死亡风险。如果你能回想起来，你会发现，节食者还很容易出轨。

那么，人们为什么会产生节食能减肥的想法呢？

因为人们的思维是一刀切的，研究者认为，导致节食措施不起作用的主要原因是，人们认为不吃高热量食品最有效。事实上，这种思维导致了很多问题。人们在思维上越是抑制的东西，越是对人们有诱惑力量。

举个很简单的例子，如果你在家中放了一大杯冰激凌，然后你告诉你的孩子不许吃，那么，结果可能会令你失望。事实上，很多肥胖的女士无法抵制甜品的诱惑，也就是这个道理，她们不但没有戒掉甜食，反而吃得更多，这种反弹在很大程度上是心理上的，而不是生理上的。你越是想避开某种食物，你的脑海里就越会充斥这种食物。

那么，可能你会产生疑问，难道就没有有效的减肥方法了吗？当然不是，合理和正确的饮食习惯便能帮助我们。

减肥的第一步就是建立健康的饮食方式。不是挨饿，而是在保证必需营养的前提下尽量减少热量的摄入，想尽一切办法“节源开流”。记住能量守恒定律，只要摄入的能量低于身体的需要，就会动用身体里的储备，也就能达到减肥的效果。

不管你的意志力如何，如果你在减肥，那么，你就不要长时间地坐在甜品桌旁边，也许你会告诉自己说“不可以”，但你会不自觉地将这种“不可以”变为“可以”，因为节食对于肥胖者来说是一项耗费意志力的活动，当他们的意志力变弱后，他们依然会碰到特别诱人的食物，为了继续抵制诱惑，他们需要补充损耗掉的意志力；但是，为了补充那个能量，他们需要让身体摄入葡萄糖。这就是营养学上的第22条军规。另外，你需要回避甜品车，或者还有更好的办法——刚开始就避免节食。不要把意志力浪费在严格的节食上，要摄入足够的葡萄糖来保存意志力，把自制力用在更有希望的长期策略上。

另外，减肥并不是要你戒掉高热量食物，而是要你尽量少吃。比如，麦当劳、肯德基中的炸薯条、炸鸡、可口可乐等，这类食品的热量高、胆固醇高，吃太多不仅容易发胖，而且会令你前功尽弃，还会让你的体重增加。

再者，在减肥这一问题上，我们完全没有必要认为它是一个痛苦的过程，而应该把节食看作一段有趣的经历，这样，你才更容易达到目标。

适当地运动也许能帮助到你。因为，丰富多样的运动形式穿插结合在一起，可以在一定程度上克服枯燥感。运动的方式很多，有散步、速走、跑步、跳绳、打羽毛球、登山、滑冰，你也可以在健身房达到这一目的。

心理小贴士

的确，现实生活中，越来越多的人饱受肥胖的困扰，肥胖不仅影响体态形象，严重的还会有害健康，很多爱美者都想远离肥胖，然而这并非易事。要想解决这一问题，我们首先要弄清楚肥胖的内在原因，然后采取正确的减肥方式。

第03章

摒除干扰，静下心来培养自主学习能力

当今社会是个知识型社会，所有的竞争浓缩到一点，就是知识的竞争。随着知识更新换代速度的加快，我们每个人，无论是处于成长期的孩子还是已经立足于社会的成人，都要不断地学习。实际上，学习并不是娱乐性的活动，很多时候，它还是枯燥的。学习过程中，同样有很多干扰我们的因素，有外界的，也有来自内心的。一个人，是否有自控能力，是否能专注于学习，决定了他能否在人生的道路上取得一番成就，因此，我们每个人都有必要培养自己自主学习的习惯，不断学习、热爱学习，这样才能不断进步！

有意摒除外在干扰，训练专注能力

人生在世，要有一番成就，就必须要学习，学习是获取知识和能力的唯一途径，这是毋庸置疑的。然而，学习必须要专注，古人云："两耳不闻窗外事，一心只读圣贤书。"这就是一种专注。我们发现，那些攀岩成功的人有个共同特征，那就是他们不会三心二意，也不会向下看，他们会一直努力地攀登，这样，尽管脚下是万丈悬崖，他们也不会害怕。对此，我们应该从中受到启示。在学习时，我们要尽量做到"充耳不闻"，这样才能训练自己的专注能力，才能一步一步进行自己的学习计划。我们先来看下面这个故事：

孔子带领学生去楚国采风。他们一行从树林中走出来，看见一位驼背翁正在捕蝉。只见他拿着竹竿粘捕树上的蝉，就像在地上拾取东西一样自如。

"老先生捕蝉的技术真高超。"孔子恭敬地对老翁表示称赞后问，"您对捕蝉想必是有什么妙法吧？"

"方法肯定是有的。我练捕蝉五六个月后，在竿上垒放两粒粘丸而不掉下，蝉便很少有逃脱的。如垒三粒粘丸仍不落地，蝉十有八九会被捕住；如能将五粒粘丸垒在竹竿上，捕蝉就会像在地上拾东西一样简单容易了。”捕蝉翁说到此处，捋捋胡须，严肃地对孔子及其学生传授经验。

他说：“捕蝉首先要学练站功和臂力。捕蝉时身体定在那里，要像竖立的树桩那样纹丝不动；竹竿从胳膊上伸出去，要像控制树枝一样不颤抖。另外，注意力高度集中，无论天大地广、万物繁多，在我的心里只有蝉的翅膀，我专心致志、神情专一。精神到了这番境界，捕起蝉来，那还能不手到擒来、得心应手吗？”大家听完驼背老人关于捕蝉的经验之谈，无不感慨万分。

孔子对身边的弟子深有感触地说：“神情专注、专心致志，才能出神入化、得心应手。捕蝉老翁讲的可是做人办事的大道理啊！”

驼背翁捕蝉的故事向我们昭示了一个真理：凡事专心致志、心无旁骛，才能出色地完成，把工作做好做到位，取得成功。

事实上，学习又何尝不是如此呢？学习最要不得的就是三心二意。戴尔·卡耐基曾经根据很多年轻人失败的经验得出一个结论：“一些年轻人失败的一个根本原因，就是精力分散，做不到专注。”托马斯·爱迪生曾说过：“成功中天分所占的比例不过只有1%，剩下的99%都是勤奋和汗水。”

这句话告诉我们，学习需要专注，不腻烦、不焦躁、一门心思地学习，才能取得好的效果。

的确，成功者之所以成功，就是因为他们懂得学习要专注的道理，在专注的过程中，他们经历了沮丧和危险的磨炼，并造就了他们天才的大脑。在不断取得学习成果的过程中，他们产生了活力和不屈不挠的奋斗意志。因此，意志力可以定义为一个人性格特征中的核心力量。概而言之，意志力就是人本身。它是人行动的驱动器，是人的各种努力的灵魂。在学习过程中，我们要运用意志力的力量，只有自控，才能获得自主学习的能力，做到这一点，我们也能获得卓越的才能。

18世纪早期，就读于牛津大学的圣・里奥纳多在给校友福韦尔・柏克斯顿爵士的一封信中谈到他的学习方法，并解释自己成功的秘密。他说："开始学法律时，我决心吸收每一点获取的知识，并使之同化为自己的一部分。在一件事没有充分了解清楚之前，我绝不会开始学习另一件事情。我的许多竞争对手在一天内读的东西，我得花一星期的时间才能读完。而一年后，这些东西，我依然记忆犹新，但是他们则早已忘得一干二净了。"

这就是专注的力量，如果你妄图在学习的时候还能玩好，那么，你的学习只能事备功半。然而，我们发现，生活中，一些人在学习时就是缺乏一定的自控力，他们做不到专心致志、全力以赴，而是心不在焉，他们常慨叹自己学习效率低，其实，这是由于他们忽视了这一原因。

画坛宗师齐白石也是个做事专注的人，除了画画以外，在雕刻艺术上的精益求精也体现了他的这一品质。

齐老先生不仅擅长书画，对篆刻也有着极高的造诣，但他也并非天生就掌握这门艺术，他是经过了非常刻苦的磨炼和不懈的努力才把篆刻艺术练到出神入化的境界的。

齐白石在年轻时就特别喜爱篆刻，但他总是对自己的篆刻技术不满意。他向一位老篆刻艺人虚心求教，老篆刻师对他说："你去挑一担印石回家，要刻了磨、磨了刻，等到这一担石头都变成了泥浆，那时你的印就刻好了。"

于是，齐白石按照老篆刻师的意思做了。他挑了一担印石来，一边刻，一边磨，一边拿古代的篆刻艺术品来对照琢磨，就这样一直夜以继日地刻着。刻了磨平，磨平了再刻，手上不知起了多少个血泡，日复一日，年复一年，印石越来越少，而地上淤积的泥浆则越来越厚。最后，一担印石终于统统地"化石为泥"了。

印石不仅磨砺了齐白石的意志，而且使他的篆刻艺术在磨炼中不断长进，他刻的印雄健、洗练、独树一帜，都达到了炉火纯青的境界。

在学习中，我们需要这样训练自己的专注能力：

一、为自己树立一个学习榜样

比如，爱迪生就是一个专注做事的代表。他曾经长时间地专注于一项发明。对此，一位记者不解地问：“爱迪生先生，到目前为止，您已经失败了一万次，您是怎么想的？”

爱迪生回答说：“年轻人，我不得不更正一下你的观点，我并不是失败了一万次，而是发现了一万种行不通的方法。”

在发明电灯时，他尝试了一万四千种方法，尽管这些方法一直行不通，但他没有放弃，而是一直做下去，直到发现了一种可行的方法为止。他证实了大射手与小射手之间的唯一差别：大射手只是一位继续射击的小射手。

二、学习时不要做其他的事

我们发现，生活中，一些人无论是不是在学习，都把电视开着，或者边玩游戏边学习。试想，这样怎么能聚精会神呢？这样自然不能集中精力去学习，久而久之，便养成了一心二用的坏习惯。

为此，你必须克服这一缺点，学习时就认真学习，玩乐时就痛快地玩乐。经过一段时间，你会发现，自己无论做什么事都专注多了，而最重要的是，效率也提高了很多。

心理小贴士

我们每个人都需要记住：专注是一种良好的助人成功的品质，对于学习更是如此。从现在开始培养自己的这种品质，你一定会收获成功。

别被“心中事”扰乱眼前的学习

我们知道，学习是一个在新的领域中不断探求、不断进步的过程，它要求有严密的思维、踏实的行动、吃苦的精神、顽强的毅力；而浮躁的心态是学习的大敌，是学习失败者的亲密朋友。清华大学国学大师陈寅恪，在一次演讲中送给青年人一句话：“心有浮躁，犹草置风中，欲定不定。”他告诫学生要自定心神，集中精力，清除浮躁，专注功课。

“世界上怕就怕认真二字”，说的就是如果我们能安下心来认真地做一件事情，就没有做不好的。然而，真正让我们浮躁的，并不一定是外在世界的动静，也有可能是我们的“心中事”。无法让内心沉静下来是很多人学不好的主要原因之一。我们先来看下面的案例：

周末这天，宁宁在房间做作业，也不知道为什么，他总是写不进去，甚至看到书本上的字就烦。刚好，这会儿又是邻居家小雅练钢琴的时间，他甚至能感觉到小雅敲击琴键的声音；他还听到了楼底下的大妈、阿姨们说话的声音，这些都充斥在他的耳朵里，他再也写不进去了。

这会儿，爸爸敲了敲门，走了进来，看到宁宁烦躁不安的样子，他问：“孩子，怎么了？”

“爸，外面太吵了，我根本写不进去作业。”宁宁说。

“是吗？其实每个周末外面都会有这样的动静，甚至有时候小区有活动的时候比今天还热闹，那时候，你都不能安安静静地学习吗？”

“您说得也是，那我今天是怎么了呢？”

“其实，你学不进去是因为心不静，学习最重要的是沉下心来。可能是马上要中考了，你害怕自己考不好，我看你这几天睡也睡不好、吃也吃不下，想必都是因为这个吧！放下考试的压力，也许你就能心平气和了。”

“爸爸，你说得对，但我应该怎么减压呢？”

“你的压力就是中考这点事，其实，我和你妈妈从来没有要求你要考什么重点高中，你不需要紧张，早上我还说带你去骑自行车、去郊区的农庄走走，你说要做作业，我就没有继续说了。今天说好了，下周我带你去逛街，你不是看上了一双帆布鞋吗？买完东西，我们再去看场电影，好不好？”

“嗯，听爸爸的……”

看到宁宁舒心地笑了，爸爸也终于放心了。

上面案例中的宁宁为什么在学习时总是静不下心来？是因为外在环境太吵闹吗？当然不是，正如他父亲所说的，环境还是那个环境，只是因为心中有事，他才感到内心烦躁的。

的确，学习是一项需要动脑筋的活动，它要求我们做到集中精力、全身心地投入，做到“身心合一”，来不得半点虚假，不能有任何杂念。然而，在实际中，一些人总是带着心事学习，如此一来，正在学习的只是一具“躯壳”而已，他们的学习效率一般是低下的。我们拿课堂学习为例，那些学习成绩好的学生多半都是心无旁骛、手脑并用的；而那些学习成绩差的学生，一般都是因为学习时杂念太多，精力不集中。他们上课时思想“开小差”，目光呆滞，人在教室，可心早已飞到教室外面去了，满脑子想着外面的精彩世界；也有一些学生上课时一边想着要听讲，一边又想着和周围的同学讲“小话”；有些学生一边记笔记，一边抄写正在看的口袋书……诸如此类，不可胜数。

我们不难想象，这些学生一个个“身在曹营心在汉”，就凭这种心态怎么能学习好？荀子早就在《劝学》篇里说过，“蚓无爪牙之利，筋骨之强”却能“上食埃土，下饮黄泉”，是因为用心专一，“蟹六跪而二螯，非蛇蟮之穴无可寄托者”，是因为用心浮躁。对于任何一种学习，都必须做到全神贯注，千万不能一心二用！

那么，在学习时，我们应该如何排除内心干扰、赶走“心中事”呢？

一、尝试着让自己安静下来

如果你的心无法安静，你可以尝试着先换一下环境，然后闭上双眼，深呼吸，慢慢地放松，多尝试几次会好点。

二、找到问题根源，摒除杂念

如果你因为想一个问题想得过于复杂而无法静下心来，那么，你可以尝试着问自己，自己想这个问题究竟是为什么，是什么让自己变成这样。多问几次后，你就可以了解自己的困惑，进而从心底去除这个杂念。

三、要学会在强烈的吵闹声、人多的环境中专心学习的本领

曾有伟大的人物介绍过他们在大街十字路口专心看书的本领。因为环境在一定程度上是自己无法控制的，我们只有依靠自己的高度自制能力提高抗干扰能力。

四、养成良好的睡眠习惯

如果你是“夜猫子”型的，奉劝你学学“百灵鸟”，按时睡觉，按时起床，养足精神，提高白天的学习效率。

五、学会自我减压，别把成绩的好坏看得太重

一分耕耘，一分收获，只要我们平日努力了、付出了，就必然会有好的回报，又何必让忧虑占据心头，自寻烦恼呢?

六、学会作些放松训练

舒适地坐在椅子上或躺在床上，然后向身体的各个部位传递休息的信息。先从左脚开始，使脚部肌肉绷紧，然后松弛，同时暗示它休息，随后命令脚脖子、小腿、膝盖、大腿，一直到躯干休息，之后，再从脚到躯干，然后从左右手放松到躯干。这时，再从躯干开始到颈部、头部、脸部全部放松。这种放松训练的技术，需要反复练习才能较好地掌握，而一旦你掌握了这种技术，你便能在短短的几分钟内达到轻松、平静的状态。

总之，专注，也就是保持良好的注意力，是大脑进行感知、记忆、思维等认识活动的基本条件。在我们的学习过程中，注意力是打开我们心灵的门户，而且是唯一的门户。门开得越大，我们学到的东西就越多。而一旦注意力涣散或无法集中，心灵的门户就关闭了，一切有用的知识信息就无法进入。当你因注意力无法集中而被影响学习、感到苦恼时，相信以上几点方法能帮助你。

心理小贴士

我们学习时，要充分发挥自己的主观能动性，排除各种干扰，摆正学习心态，使自己的心底单一，才能无坚不摧，才能把我们的全部精力投入学习活动中去，才能专心致志地进行学习。

自控能力如何，学习能力就怎样

生活中，我们不难发现一个现象，两个年龄相仿的孩子，学习相同的内容，学习成绩好的一定是那个能自律的孩子，他能做到对抗外界与内心的干扰，他的自主学习能力较强，不需要家长和老师的督促。事实上，学习能力与自控能力是成正比的。在宾夕法尼亚大学一系列新研究中，研究人员发现，坚韧不拔的人更容易在学业、工作及其他方面获得成功，这也许是因为他们富有激情，忘我投入，所以能克服漫长的道路上不可避免的绊脚石。西奥多·罗斯福也曾说过：“有一种品质可以使一个人在碌碌无为的平庸之辈中脱颖而出，这个品质不是天资，不是教育，也不是智商，而是自律。有了自律，一切皆有可能，无，则连最简单的目标都显得遥不可及。”任何人的才能，都不是凭空获得的，学习是唯一的途径。学习的过程，就是一个不断克服自我、控制自我的过程，我们只有首先战胜自己、摒除内在和外在的干扰，才能以全部的激情投入对知识的汲取中。

马丁·赛李曼说过：“如果没有坚韧不拔的精神，除非你是天才，否则是不会胜出的。”

生活中的我们，也要把那些成功者当成自己的学习榜样，和他们一样，专注、持续地学习，坚持下去，就一定能取得令人满意的成果。

自控，又称意志力，是在实现目标的艰辛路途上不可或缺的品质，另外还有努力、决心和毅力——心理学家称这些品质为“坚毅”。坚毅比意志力含义更深远，所以意志力是坚毅的一部分。除此之外，在学习中，意志力也是极为重要的。我们每个人都有一定的学习计划和学习目标，但很少有人把自己的学习计划坚持下去。通常，在刚开始的时候，大家都能坚持学习，但在坚持了一段时间后，在遇到一些外在和内在的干扰（比如，吃喝玩乐的诱惑、内心的焦躁情绪）

后，就会由每天变成两天、三天或更长的时间，进而慢慢地发现自己已经放弃自己的学习计划。你会发现这种事情每个人都会遇到，而放弃的原因是多种多样的，就如人们曾经说过的："如果你不想做一件事，你一定会找到一个借口。"其实，坚持的过程就是自控的过程，能坚持到最后的，一定是获得极强的学习能力的人。

那么，在学习过程中，我们应该如何实现自控呢？

一、端正学习目的

你为什么而学习？是父母强逼你学习，还是你有着伟大的梦想？如果你总是认为学习是一件无奈的事，那你又怎么可能投入全部的热情学习呢？因此，你不妨重新考虑一下自己学习的目的——你真的是为了他人而学习吗？

二、学会排除各种干扰，消除各种杂念

一心一意想学习，全心全意谋进步，也就是心要静。"该买件新衣服了。""他为什么不理我了，是嫌我又多长了个青春痘？""她为什么把我甩了，是不是喜新厌旧了？"如果你整天这样为一些生活琐事和儿女情长之事烦恼，你又怎么能重视学习呢？如果你整天想着"数学作业老师不检查，咱不做了""语文做了也白做，不做了""这章节太容易，有啥学的"……你的心又怎么能静下来呢？

三、早动手

在学习上，你若动手早，你就有足够的时间，你作的准备就越充分；你若动手晚，你的时间就越少，你的心情就会越焦躁。

曾经有记者对某所著名高中的三年级某班学生进行跟踪调查。他们发现，中午吃饭时间不到30分钟，校园里已空无一人，教室已响起了琅琅的读书声；课间操集合时，每个同学都拿一个小本本，嘴里念念有词，他们在利用集合时间记英语单词！以这样的精神学习，还怕学不好吗？

四、制订详细的学习计划

漫无目的的学习是不会有好的效果的，效率差的学习会让你的自信心逐渐地消失殆尽，因此，你最好制订一份详细的学习计划，对于每天干什么、什么时间干，要有详细的计划。计划要切合实际，要略高于自己现在的学习能力。

从明天起，你将开始全新的生活！订个详细的计划，让它来规范自己，约束自己，提醒自己，鞭策自己！依计划而行，则有条不紊，顺理成章；无计划行事，则漫无目的，失去方向。

五、坚持你的学习计划

在《圣经》这本书中，记载了一个故事：

摩西带领以色列人出埃及，过红海，来到旷野，走了三天都找不到水喝，好不容易到了玛拉，却发现那里的水是苦的，百姓不由得大发怨言、愤怒不已，他们不知道，只要再走一段路程，紧接着就到了以琳。那里有泉水和棕树，可以让他们安安稳稳、舒舒服服地扎营休息。

的确，人生就像马拉松赛跑一样，只有坚持到终点的人才有可能成为真正的胜利者。学习也是一样。著名航海家哥伦布在他的航海日记的最后写着这样一句话：“我们继续前进。”这话看似平凡，却告诉了所有正在学习的人一个道理，学习需要无比的信心和意志力。因为，一直以来，学习都不是一件轻松愉快的事情，也不是一蹴而就的事情，它必须付出艰苦的劳动。在你的思想上，不要把学习看作一种负担、一个包袱或一件苦差事，学习是一种追求、兴趣、责任，是一种愿望，学知识是为了人生更快乐、更有滋味、更有激情。

心理小贴士

任何一种能力的获得，都需要学习。学习不是享受，甚至有时候，学习的过程是枯燥的，这就需要我们学会自控，培养自己的意志力。坚持学习，专注学习，你必当有所收获！

带着兴趣学习，学习就不再乏味

我们可能都有这样的感受：学生时代，我们偶尔会上课打瞌睡，这有很多原因，其中重要的一点是我们对这门功课不感兴趣。其实，哪一种学习不是这样呢？如果我们认为学习枯燥无味，我们就提不起兴趣，学习效率自然也不高；反过来，假如你尝试着对学习投入百分之百的热情，努力、专注地学习，那么，你会发现，你的学习能力正在提高，你会为此兴奋；同时，你离你的学习目标也越来越近，这又使得你产生更强烈的学习激情。当然，要提高学习热情，还要从培养兴趣开始。

这是微软全球副总裁张亚勤亲身经历的一个故事：

1985年，张亚勤赴美留学，在以满分通过博士生入学考试后，张亚勤跑去向导师求教如何选择博士论文的题目。

“老师，您看我的博士论文到底该做什么题目？”

谁知道那位老师说：“我还正要问你这个问题呢！”

张亚勤感到很意外。因为，在国内，总是导师先给学生划定一个大致的论文范围。而在美国，总是学生自己找研究课题，导师只是最后帮助把握一下，提一些建议。张亚勤很快意识到这就是东西方教育的区别——“开放”与“计划”教育的区别。他认为这种开放的教育方式更能使人产生学习兴趣，也更有创造力，因为“自己选课题的时候总是最用心的时候”。

这里，我们看到了学习兴趣在学习过程中的重要性。“兴趣是最好的老师。”对人类作出杰出贡献的大科学家爱因斯坦的这句至理名言被许多教授在课堂上引用。任何一个有所作为的人，在他的成才历程中，兴趣都对他起到了巨大的、不可替代的作用。当你热爱学习时，学习对于你来说就不是枯燥的，而是一种娱乐。你可能因为看一部电视剧而24小时不睡觉，你可能因为一个游戏几天几夜不合眼，甚至不吃饭，归根结底，那是因为你热爱、你投入。

兴趣，是指一个人力求认识某种事物或从事某种活动的心理倾向。人都会因为兴趣而执着于某一样活动，并在最后取得或小或大的成功。

在年轻人梦寐以求的微软公司里，曾有一个临时清洁女工升职成为正式职工的故事：

她是办公楼里临时雇用的清洁女工，在整个办公大楼里，有好几百名雇员，她的工资最低、学历最低，甚至几乎没有什么学历，工作量最大，而她却是最快乐的人！

每一天，她来得最早，然后面带微笑，开始工作，对任何人的要求，哪怕不是自己工作范围之内的，她也会愉快并努力地跑去帮忙。周围的同事被她感染了，有很多人成了她的好朋友，甚至包括那些被大家公认冷漠的人，没有人在意她的工作性质和地位。她的热情就像一团火焰，慢慢地，整个办公楼都在她的影响下快乐起来。

盖茨很惊异，就忍不住问她："能否告诉我，是什么让您如此开心地面对每一天呢？""因为我热爱这份工作！"女清洁工自豪地说，"我没有什么知识，我很感激企业能给我这份工作，让我可以有不菲的收入，足够支持我的女儿读完大学。而我对这美好的现实唯一可以回报的，就是尽一切可能把工作做好。一想到这些，我就非常开心。”

盖茨被女清洁工那种热爱工作的态度深深地打动了：“那么，您有没有兴趣成为我们当中正式的一员呢？我想你是微软最需要的。”“当然，那可是我最大的梦想啊！”女清洁工睁大眼睛说道。

此后，她开始用工作的闲暇时间学习计算机知识，而企业里的任何人都乐意帮助她，几个月以后，她真的成了微软的一名正式雇员。

这名女清洁工是怎么获得成长的呢？是源于她对当下工作的热爱和对计算机知识的渴望。当她还是一名清洁工时，她能以正确的心态去面对工作，不是怨天尤人，不是得过且过，而是以一种积极的、向上的心去感染周围的每个人。

生活中，正在学习的人们，是不是常常觉得学习是那么枯燥呢？那么，你不妨向这位女清洁工学习，调节一下自己的内心，看到学习的乐趣，怀着热情去学习，并努力地向上攀登。这样的你，每天都会获得进步。

具体来说，你可以尝试以下几种调节方法：

一、摒弃“我对学习不感兴趣”的既成观念

我们经常听到一些学生说：“哎呀，我对唱歌、旅游、玩等好多事情都感兴趣，可就是对学习不感兴趣，我也想学习成绩好，那怎样才能让我对学习感兴趣呢？”其实，有时候，这是一种既成观念。人们普遍认为学习是枯燥的，正是这种先入为主的想法，让他们开始排斥学习。

积极地参与、从心理上亲近，心怀好奇是让我们主动接触这些学习内容的最好方法。对于现下学习的内容，你不妨问自己：我对哪门课兴趣最大，对哪门课兴趣最小。仔细想想为什么会这样。接下来，你要做的是，不只学习那些你感兴趣的内容，那些不感兴趣的内容，你也要尝试。这样，你就会发现，其实，所有的知识都是融会贯通的，对知识的系统性把握，会让你对所有的知识都产生了解的欲望。

二、专注、认真是让你产生学习兴趣的内在动因

很多人抱怨自己对学习没有兴趣，其实，这是因为你没有用正确的态度对待学习。认真是和兴趣成正比的，如果你能努力、认真地学习，那么，你就会取得好成绩，就会获得一种成就感。反过来，成就感也会刺激你继续认真、努力地学习。这就是兴趣。兴趣又会促使你更加认真地学习，从而取得更好的成绩。这样形成良性循环，互相促进，你对于学习的兴趣就会越来越浓，甚至到入迷的地步。

三、寻找积极的情绪体验

你对学习没有兴趣，很多时候是因为你没有看到学习给你带来的快乐的情绪体验。事实上，课本并不是枯燥的，很多时候，你能从课本中获得某种对成长有益的因素。获得这种积极的情绪体验，你就会主动地抛却那些消极的、应付的

学习态度，这会有利于学习兴趣的提高。

四、科学地安排学习时间

避免过度疲劳是让兴趣持续的方法之一。因此，在学习过程中，你最好劳逸结合，该休息时休息，该学习时学习，而且学习时间要安排科学，不能长时间地学习一种科目。

另外，每天在固定的时间学习也是保持学习兴趣的方法，习惯在特定的时间出现的兴奋性和学习密切相关。

五、勤于计划、总结，知己知彼

对于当下的学习状况，你应该有个清晰的了解，知道自己取得了哪些成就，知道自己在哪些方面还有欠缺，这些都是学习的动力。如果你给自己作了明确的分析，你会发现你的学习兴趣正在增长。

当你已经能在每一次的学习过程寻找到无数的快乐和成就时，你还能说自己没有学习兴趣吗？

心理小贴士

在学习过程中，兴趣是极为重要的。如果你认为学习只是一种应付性的活动，那么，你是不会有很高的学习效率的。对于这种情况，你有必要调节自己的内心，若你拥有保持不甘落后、积极向上、奋发有为的精神状态，有一种只争朝夕的紧迫感，那么，你一定会不断进取的！

第04章

收起你的“玩”心，享乐主义心理要不得

追求快乐、逃避痛苦是人的本性，我们不难发现，很多人穷其一生，都在追求快乐。但快乐的真正定义又是什么呢？其实，快乐是一种心灵的充实，而不是躯体的享乐。任何一个渴望成功的人，都必须认识到，成功是离不开自我控制的，而贪图享乐的人最终只会失去斗志和激情，只能碌碌无为。因此，我们有必要剔除自己的享乐主义心理，做一个有目标、有耐力、能够苦中作乐的人，这样才能朝着心中的目标不断奋进！

玩物丧志，告别享乐

我们知道，人的天性都是追求快乐而逃避痛苦的。人们获取快乐的一个重要方法便是“玩”，在玩的过程中，人的身心能得到放松，人们能忘却很多现实生活中的烦恼。但一味地追求玩乐只会让我们逐渐失去自控能力和斗志，让我们的行为偏离正确的轨道，久而久之，我们离自己的目标也越来越远。古人云“玩物丧志”，大致就是这个道理。这个成语见于《尚书·旅獒》：“玩人丧德，玩物丧志。”关于这一成语，有这样一个典故：

周武王姬发带领军队灭了商朝之后，建立了西周王朝。他吸取前朝灭亡的教训，采取了一系列巩固政权的措施。一方面，他将全国的土地划分为几个部分，分封诸侯；另一方面，他派遣使臣到那些边疆地区，以号召各国臣服周朝。

西周逐渐强大起来，那些边远国家和地区自然也都臣服于它，于是，他们争相将贡品送到西周都城，也就是今天的西安。

一天，姬发在处理完政事之后，听说西方旅国有人献上一个奇宝。他充满好奇心地赶紧命人送进来，才发现是一条大狗，这种狗在西方旅国被称为獒。这只狗身高体重，且通人性，见了周武王就赶紧俯首行礼。周武王看了，心情非常愉悦，命人收下了这只宝狗，并重赏了使者。

周武王的一举一动都被站在身后的太保召公看在眼里、记在心中。当这些人离去之后，他赶紧写了一篇《旅獒》呈给周武王，这篇奏折的内容大致是：武王今天的政权来之不易，如果不艰苦奋斗，那么，所有的胜利果实很可能会毁于一旦。其中他这样写道：轻易侮弄别人，会损害自己的德行；沉迷于供人玩弄的事物，会丧失进取的志向。

周武王读完《旅獒》后，便想到了商朝灭亡的教训，觉得召公奭的劝告是对的，于是把收到的贡品分赐给诸侯和有功之臣，自己则兢兢业业地致力于国家的治理和建设。

“玩物丧志”这个成语，常用来指醉心于玩赏某些事物或迷恋于一些有害的事情而丧失积极进取的志气。从这个典故中，我们应当有所感悟：一个人，要想有一番作为，就必须学会自控，控制自己的“玩”心，剔除自己的享乐主义心理。事实上，那些成功者之所以成功，并不是因为他们喜欢吃苦，而是因为他们深知，只有磨炼自己的意志，才能让自己保持奋斗的激情，才能不断进步。

然而，我们不得不承认的一点是，现代社会，随着物质生活水平的提高和科学技术的进步，一些人被周围的花花世界所诱惑，一有时间，他们就置身于灯红酒绿的酒吧、歌厅，就连独处时，他们也宁愿把精力放在玩游戏、上网上，时间一长，他们的心就再也无法平静，他们习惯了天天玩乐的生活，他们再也没有了曾经的斗志，最后只能庸庸碌碌地过完一生。

因此，无论何时，我们都要控制自己的“玩”心，享乐只会让我们不断沉沦。闲暇时，我们不妨多花点时间看书、学习。只有不断地充实自己，才能在未来激烈的社会竞争中立于不败之地。

“每天下班后，我宁愿去图书馆看看书，也不愿意和一群人聚在酒吧。每读一本书，我都能获得不同的知识，有专业技能上的，有人生感悟上的，有风土人情，有幽默智慧。我很享受读书的过程，每次从图书馆出来都已经夜里10点了，在回家的路上，看着路边安静的一切，风从耳边吹过，我真正感到了内心的安宁。同事们都说我这人太宅了，但我觉得，这样的生活很充实，内心有书籍陪伴，我从不感到孤独。实际上，在很久以前，我也是个爱玩的人，常常和朋友喝酒喝到半夜才回家，一到周末就约朋友出去吃饭、唱歌，我很少一个人待着，有时候，真当我一个人在家的时候，我也会找一些娱乐项目，如上网、打游戏、跳舞等，我觉得自己根本闲不下来。

“但就在我30岁生日那天，发生了一件令我这辈子都无法释怀的事。我的一个朋友，那天晚上，我们喝得很多，离席后，他开着车自己回去了，谁知道在半路上出了车祸。我很后悔，假如我没有让他喝那么多的酒，就不会出事。从这件事以后，我改变了对人生的看法，如果我的下半生还是这样浑浑噩噩地过，那么，这和一具行尸走肉有什么区别呢？

“后来，在一个图书馆管理员朋友的推荐下，我开始接触各种各样的书籍，从这些书中，我学到了很多……”

这是一个深爱读书、拒绝玩乐的人的内心独白，的确，他说得对，一个整天玩乐的人就如同一具行尸走肉，内心真正的快乐其实并不是玩乐能带来的，而是源自努力充实自己的心灵。当然，如果你是一个爱玩的人，那么，从现在开始学会自控、纠正自己的玩乐心理并不晚，这需要你做到以下几点：

一、替代法

当你想玩乐的时候，不妨做一些其他比较轻松的活动，比如，当你想玩游戏时，你可以改为运动、唱歌、看书等。当你沉浸于其中的时候，游戏对你的诱惑也就慢慢地削减了。

二、比较法

你可以在内心作一个比较：此时“玩”与“不玩”会有

什么区别？以玩游戏为例，玩游戏可能会耽误你的学习和工作，影响你的休息；而如果“不玩”，你便能节约出很多时间从事其他事情。相比较而言，哪一种选择更明智？很明显是后者。长期的心理建设会让你减少对游戏的欲望。

三、矫正玩乐心态并不意味着要杜绝玩乐

即使你是个爱玩的人，也不可能完全限制自己的行为，毕竟一个人不可能24小时都工作或者学习，因此，你最好学会循序渐进地调整。你可以为自己制订一些小计划，比如，限制玩乐的时间，但无论如何，你一定要完成。如果你完成不了，就一定要找出原因，以便在迷茫的时候帮助你改善自己的自控能力。

心理小贴士

主动控制自己往往是在自己理性的时候，而不想控制自己往往是在自己感性的时候。所以，矫正自己的玩乐心态最需要的就是一个理性的心理建设过程。当然，对于玩乐，没有人能够完全避免，所以只能改善。

持久的忍耐才能换来收获的果实

我们知道，大千世界，处处都是存在辩证法的，有得就有失，有失也有得，得与失是矛盾的统一体，即如要成功就必须放弃享乐。我们不难发现，大凡做出一些成就的人，他们必定会经受一些磨难，吃尽苦头，然后才能等到出头之日，一鸣惊人。在这个过程中，他们不断地忍耐着痛苦与辛酸，无论是精神上的还是身体上的，那些痛彻心扉的日子里，他们咬着牙，将滴落的血吞进肚子里。有时候，为了完成自己心中的理想，他们可能要寄人篱下，甚至遭人白眼、受人讽刺，但他们都忍耐了过来，在这个过程中，他们放弃的就是暂时的享乐。他们明白最终会有守得云开见月明的一天，到那时，自己以前所受的苦难都是值得的，因为它们已经凝结成了耀眼的成功的光环。

相传，勾践战败后，他接受了大臣文种的建议，收买了吴国太宰伯嚭，向夫差称臣纳贡求降，他和王后到吴国给夫差为奴做婢。夫差答应了。勾践夫妻到了吴国后，夫差对他们极尽羞辱之能事。而勾践在夫差面前则一副感恩戴德五体投地的奴才相，嘴里还感激夫差不计前嫌、以德报怨、宽宏仁慈。他称自己为贱臣，小心翼翼、百依百顺。夫差要上马，勾践就跪下来让夫差踏着自己的后背上马。夫差生病了，勾践在夫差面前寝食难安，问病尝粪，嘴里一边吃着夫差的大便，一边说出自己的忠诚之志：“恭喜大王，大王的病就快好了。”

就这样，勾践以自己的忠诚打动了夫差，夫差终于下令让勾践回到越国。勾践回到越国之后，立志要报仇雪恨，他唯恐眼前的安逸消磨了自己的志气，于是在吃饭的地方挂上一个苦胆，每逢吃饭的时候，就先尝尝苦味，并问自己："你忘了会稽的耻辱了吗？"他还把席子撤去，用柴草当作褥子，这就是后人一直传颂的"卧薪尝胆"。

勾践能做到"卧薪尝胆"就是一种自控力的体现，战败后的他没有逞一时意气一死了之，而是选择了忍耐。在吴王夫差面前，勾践简直跟奴才差不多，甚至比奴才更卑贱，不仅受到了夫差的百般侮辱，还时时不忘感激夫差不计前嫌、以德报怨，并自称"贱臣"。这样的姿态，比委曲求全更甚，其所受的侮辱和苦难都不是普通人能及的，但勾践一一忍耐了过来。其实，他早就有了复国大计，之所以在夫差面前百般受辱，那是为了赢得夫差的信任，这样自己才可以早日回到越国去施行复国大计。那看似的委曲求全，实则是一个计谋，勾践早已经将整个计划制订完备。于是，这才有了后面"勾践灭吴"的故事。无独有偶，曾国藩的忍耐力也是值得我们学习的。

曾国藩刚开始办团练的时候，他的军中除了大量的湘军勇士，还有不少的绿营军，这使得曾国藩要面临更多的问题。而且，在操练中，曾国藩始终坚守着"吃得苦中苦"的理念，对将士们要求十分严格，风雨烈日，操练不休。这对于来自田间的乡勇来说，并不觉得太苦；但是，对于那些平日里只会喝酒、赌钱、抽鸦片的绿营兵来说，简直像是“酷刑”，对此，绿营上上下下怨声载道。副将根本不把曾国藩放在眼里，不仅不到场操练，甚至对底下的士兵宣称：“大热天还要出来操练，这不是存心跟我们过不去吗？”曾国藩一方面忧心军队的操练，另一方面还要应付绿营军的捣乱，日子过得十分辛苦。

当时，在长沙城内驻扎着绿营兵和湘勇，绿营军战斗力极差，受到了湘勇的轻视，对此，绿营兵十分愤怒，经常与湘勇发生摩擦。双方水火不容，开始由一些小争执变为战斗。而且，绿营军是朝廷的正规军队，深得清廷庇护，曾国藩所操练的湘军不过是乡间勇士，无人庇护。于是，曾国藩只能严格要求自己的军队，不得与绿营军发生冲突。即使曾国藩一再忍受绿营军的欺辱之苦，仍改变不了现状，绿营军更加横行霸道，湘军进出城门都会受到公然侮辱。朋友看见曾国藩如此辛苦，劝他参奏绿营军，不料，他却推托：“做臣子的，不能为国家平乱，反以琐碎小事，使君父烦心，实在惭愧得很。”过了一阵子，曾国藩就将湘勇遣往外县，将自己的司令部也移到了衡州。

其实，曾国藩在组建湘军之际，已然吃了不少苦头，本身，组建军队就将面临着诸多苦难，同时，他还遭到绿营军的挑衅，那确实是一段异常辛苦的日子。当时，咸丰帝下令曾国藩办团练，由于朝廷战事甚紧，也没给军队军饷，曾国藩作为军队的创办者，必须解决军队的军饷问题。然而，这一切困难，曾国藩都以坚韧的意志忍了过来，他明白“只有吃得苦中苦，方能为人上人”。试想，如果当初曾国藩忍受不了绿营军的挑衅，在朝廷不提供军饷的情况下停止操练，哪里还有后来轰动一时的湘军呢？在绿营军面前的委曲求全、百般忍让，其实都在曾国藩的掌控之中，唯有这样，他才能建立起一支独立而极具力量的湘军。

当然，忍耐也是有目的的，如果一个人毫无目的地忍耐，不管遇到何人何事都采取忍耐的态度，那这样的忍耐就是愚蠢的。在忍耐的同时，我们应该问自己“为什么忍耐”“忍耐需要达到什么样的目的”。当心中有计划，那就必须忍耐；羽翼未丰，也需要忍耐。这样的忍耐是一种智谋，因为，在委曲求全忍耐的同时，我们早已经将所有的计划掌控于胸中，忍耐不过是为了赢得最后的成功拖延时间而已。

心理小贴士

忍耐就是一种自控力。任何一个人在追寻目标的过程中，都必须要忍耐，不仅要忍耐失败带来的痛苦、生活的平庸，更要学会控制享乐的心，“吃得苦中苦，方为人上人。”享乐只能让我们不断地懈怠，忍耐才能让我们磨炼自己的意志，帮助我们朝着目标不断前进。

自控力助你实现困境中的蜕变

在人生路上，我们每个人都在为自己的目标奋斗着，但这并不是一个一帆风顺的过程，那些成功者，必定经历了百转千回的磨砺和痛苦，甚至是痛苦的蜕变，因此，我们说，成功是容不得我们有享乐之心的。俗话说：“命好使人废。”温室中的环境是培养不出人才的。生活中的我们，在遇到困难的时候，也要有忍耐力去拥抱困难，只有坚强地面对，我们才能实现人生的成功蜕变。这和蝴蝶的蜕变一样，先是虫卵，然后等春天来了，长成毛毛虫、菜青虫之类的虫子，这时基本上都是害虫，然后它们生长一段时间以后成熟了，就开始吐丝结茧，再过一段时间之后才会变成“翩翩起舞”的蝴蝶。万花丛中，我们看蝴蝶，那美丽的翅膀抖动着，那亮丽的花纹在阳光的照射下更是熠熠生辉。可是，我们在赞叹蝴蝶美丽的同时，是否想到了它蜕变背后的艰辛呢？

蝴蝶的蜕变是需要代价的，它所承受的代价就是忍受痛苦：蜕变的苦痛、等待的焦躁、忐忑不安的心境，这些都是蝴蝶在蜕变之时所承受的苦痛。其实，人何尝不是一样呢？如果想要成功，就必须经历一个煎熬的过程，好像蝴蝶蜕变一样，刚开始你可能只是一个什么都不会的毛头小子，后来慢慢地有了想法，开始去尝试，尝试之后是失败，失败了再尝试，在忍受了无数次失败的痛苦之后，你才能迎来成功。在这个过程中，你需要一种顽强的自控心，如果贪图享乐，你只会半途而废。

美国人克里斯朵夫·李维因在电影《超人》中扮演超人而一举成名。但谁能料到一场大祸会从天而降呢？

1995年5月27日，克里斯朵夫·李维在弗吉尼亚一个马术比赛中发生了意外事故，以致头部着地，第一及第二颈椎全部折断。5天后，当他醒来时，医生说不能够确保他能活着离开手术室。

那段日子里，克里斯朵夫·李维万念俱灰，许多次他甚至想轻生。出院后，为了平缓他肉体和精神上的伤痛，家人便推着轮椅上的他外出旅行。有一次，小车正穿行在落基山脉蜿蜒曲折的盘山公路上，克里斯朵夫·李维静静地望着窗外，他发现，每当车子行驶到无路的关头，路边都会出现一块交通指示牌，“前方转弯，”或“注意，急转弯”的警示文字赫然在目。而拐过每一道弯之后，前方照例又是一片柳暗花明、豁然开朗。山路弯弯、峰回路转，“前方转弯”几个大字一次次地冲击着他的眼球，也渐渐地叩醒了他的心扉——原来，不是路已到了尽头，而是该转弯了。他恍然大悟，冲着妻子大喊一声：“我要回去，我还有路要走。”

从此，他以轮椅代步，当起了导演。他首次执导影片就荣获了金球奖；他还用牙紧咬着笔，开始了艰难的写作，他的第一部书《依然是我》一问世就进入了畅销书排行榜。与此同时，他创立了一所瘫痪病人教育资源中心，并当选为全身瘫痪协会理事长。他还四处奔走，举办演唱会，为残障人的福利事业筹募善款，成了一位著名的社会活动家。

后来，美国《时代周刊》报道了克里斯朵夫·李维的事迹。在这篇文章中，他回顾自己的心路历程时说：“以前，我一直以为自己只能做一名演员；没想到今生我还能做导演、当作家，并成了一名慈善大使。原来，不幸降临的时候，并不是路已到了尽头，而是在提醒你：你该转弯了。”

一次偶然的事件，让原本几乎绝望的克里斯朵夫·李维重新选择了一条人生路。在这条路上，他同样取得了成功，甚至是辉煌。在面对身体上的巨大折磨时，和克里斯朵夫·李维一样，可能很多人都会有轻生的念头，但是，转念一想，不正是这些所谓的困难和逆境让我们获取了更多的成长机会、磨炼了我们的意志吗？假如我们的人生一帆风顺，那么，好命的我们只能是温室中的花朵，经受不住任何风雨的打击。

帕格尼尼的人生是充满苦难的：在他4岁时，一场麻疹和强直性昏厥症，差点要了他的命；7岁时，他又患上了严重的肺炎，不得不进行放血治疗；46岁时，他的牙床突然长满脓疮，只好拔掉几乎所有的牙齿；牙病刚刚好，他又染上了可怕的眼疾，幼小的儿子成了他手中的拐杖；年过半百后，关节炎、肠胃炎等多种疾病又时刻吞噬着他的肌体；后来，他的声带也坏掉了，只能靠儿子按口型翻译他的思想；57岁时，口吐鲜血而亡；死后，尸体也备受折磨，先后搬迁了8次！

但是，面对人生中的这么多苦难，帕格尼尼并没有沉沦，他不仅用独特的指法弓法和充满魔力的旋律征服了整个世界，而且发展了指挥艺术，创作出《随想曲》《无穷动》《女妖舞》和6部小提琴协奏曲以及许多闻名世界的吉他演奏曲，可以说，他是一位善于用苦难的琴弦将天才演奏到极致的奇人。

听到了帕格尼尼的悲苦演绎，李斯特大喊："天哪，在这4根琴弦中包含着多少苦难、痛苦和受到残害的挣扎着的生灵啊！"在追求事业的过程中，苦难是不可避免的，但我们每个人都有自己的选择，有的人选择抱怨，有的人选择自暴自弃、贪图享乐，有的人选择隐忍、奋进。很多时候，我们已经忘记了还有一种东西——意志力，当我们保持顽强的意志力时，苦难就会令我们变得更坚强，成功也就指日可待了。

追求快乐是人的本性，但我们同样应该有面对困难的勇气和意志力。那些失败平庸者，主要是心态有问题。遇到困难时，他们总是挑选容易的倒退之路。"我不行了，我还是退缩吧。”结果陷入失败的深渊。成功者遇到困难时，能够心平气和，并告诉自己：“我要！我能！”“一定有办法。”最终，他们成功了。

心理小贴士

我们每个人，在人生的路上都可能遇到一些难题，它们会阻碍我们前进，甚至让我们心灰意冷、沉溺于玩乐之中，但请你一定要记住，明天还未来到，昨天已经过去，珍惜今天，调整好心态，才能真正把握大局，才能找到前进的路！

贪图享乐，人生处处是痛苦

我们知道，痛苦和快乐是相对的概念，前者是人们在生活中极力避免的，后者则是人们努力追求的。事实上，痛苦和快乐的意义仅仅在于它们提供了生存和发展的动力。真正的快乐来自灵魂的丰满，一个内心充实的人总是快乐的，而享乐主义则把人生目标的影子当成了人生目标。其实，一个人之所以会在一生中交替出现快乐和痛苦，是因为在他的内心世界中意志和理性所占的份额不同——当意志强于理性，必然导致失败的痛苦；反过来，人就是快乐的。也就是说，如果我们能控制自己的享乐心态，那么，我们便能削减痛苦；而如果我们任由享乐主义侵占自己的心灵，那么，这才是人生最大的痛苦。相信很多人都读过法国作家福楼拜的代表作《包法利夫人》。

主人公爱玛是一个富裕的农民的女儿，曾经在专门训练贵族子女的修道院读过书，尤其喜欢读一些浪漫派的文学作品。虽然现实生活很残酷，但是爱玛经常沉浸在自己虚构的奢华生活中无法自拔。现实和虚幻世界的强烈反差，使她非常苦闷。成年之后，爱玛嫁给了包法利医生，但是，医生微薄的收入根本无法供她挥霍。而且，爱玛非常讨厌其貌不扬的夏尔·包法利及其满足现状的个性。即使在有了孩子之后，爱玛的母爱也没有苏醒。她一心一意、执迷不悟地贪图享乐、爱慕虚荣，竭尽全力地满足自己的私欲，梦想着能够过上贵妇的生活。为了追求浪漫的爱情，寻求她心目中的英雄，爱玛先是受到罗多尔夫的勾引，结果被欺骗了。后来，她又与莱昂暗中私通，中了商人勒乐的圈套，最终导致负债累累，不得不服毒自尽。

在这篇小说中，福楼拜批判了爱玛爱慕虚荣的本性，也深刻地批判了社会的畸形。这种批判引人深思、让人警醒。然而，时至今日，人们还在犯着同样的错误，并且有愈演愈烈之势。现代社会，一些年轻漂亮、有高学历的女孩子心甘情愿地当有钱人的情妇，甚至有大学生公开求包养。虽然每个人都贪图荣华富贵，但是君子爱财、取之有道。如果一个女人依靠自己的年轻貌美来换取安逸的生活，不得不说这是社会的悲哀。在某种程度上，这些现代的拜金女甚至还不如爱玛。在19世纪，女子必须依赖男子而生存，因此，爱玛曾经叹息过自己没有生一个男孩。但是，随着社会的发展，女人的地位不断提高。在现代社会，女人完全可以凭借自己的实力独立于世。在这种社会环境中，贪图享受，企图不劳而获，岂不是莫大的悲哀？沙翁说：“弱者啊，你的名字叫女人。”女人虽然在生理上有弱势，但是女人柔弱而又坚韧。在社会上，很多女人坚强而柔韧，巾帼不让须眉。

的确，现代社会，物质极大丰富，有无数的好东西值得我们拥有。但是，并非每一个人都能如愿以偿地拥有自己心仪已久的东西。例如，一克拉的大钻戒，每个女人都梦想着能够拥有，但是很少有人有机会拥有。难道我们要把自己一生的目标都定位于拥有一克拉的钻戒吗？毫无疑问，大多数女人没有这么做，她们把它当成一个美好的梦，淡然地过着平凡的生活。同样的道理，谁都想住别墅、开好车，但是大多数人只能租房或者买个小房，挤地铁、公交，或者开着几万元钱的车，照样生活得很幸福。因此，在追逐人生目标的道路上，我们并不是说要完全摒除享乐，但如果你贪图享乐，甚至采用一些非法手段来获取享乐的物质，那么，你只能走上万劫不复的道路。

张某刚刚年满18岁，小学毕业后一直在其父亲经营的饭店里帮忙。很长时间以来，张某都梦想着有属于自己的车，甚至连做梦都在想。4月17日中午，张某趁自己一个人在家的机会喝了半斤多的白酒，希望以此壮胆，去街上抢一辆车来开。下午3点左右，他将提前准备好的水果刀藏在身上，去了出租车比较多的县人民医院附近。在那里转悠了两圈后，张某看到医院大门口南路东边有一辆红色吉利出租车，司机是一名三十来岁的女性。上车之后，张某坐在正后方的后排座位上，报了一个地名，并且和司机谈妥了价格。行驶了没多长时间，张某就叫司机拐弯上了偏僻的乡间小道。当车行驶到没有人的路段时，张某掏出提前藏在身上的刀子向女司机的脖子右侧前后划了一刀。女司机猝然受到攻击，就一边喊“救命”，一边打开车门往外跑。情急之中，张某顺势又用刀子朝她的脖子连续划了三四刀。女司机只跑了四五十米的路程，就因为失血过多当场死亡。因为紧张和驾驶技术不熟练，张某开车逃跑时撞上了路边停着的一辆农用三轮车，之后，又在慌乱之中撞到路边的石坝上。为此，张某弃车逃跑。

在张某逃跑到圣水峪乡小城子村时，已经有几个村民先后知道了有人被杀的事情。村民陈某某是最先遇到仓皇逃跑的张某的，他及时报警，并且通知了村支书。在村支书的带领下，村民们自发组织起来在小城子村展开了找寻张某的大搜捕。后来，民警赶到，和村民在小城子村北水库边发现了因无路可逃而跳入水库的张某，并且将其擒获。至此，距案发不到两小时。事后，在审问的过程中，张某说，自己之所以抢车，就是因为想弄辆车开开，让大家都羡慕自己。

因为希望拥有一辆车，能让别人羡慕，张某不惜抢劫杀人，并因此葬送了自己的人生。面对这场人间惨剧，人们不得不深思。不得不承认的是，一些人渴望过上富裕、人人羡慕的生活，却又不愿努力，于是，他们企图通过一些所谓的捷径来达到目的，最终，他们不仅给别人带来了伤害，也毁灭了自己。

心理小贴士

在人生发展的道路上，我们选择如何继续往前走，决定了我们生命的高度。一些人贪图享乐，甚至一条道走到黑，他们浑浑噩噩地度过每一天，在错误的道路上越走越远，在追逐已定目标的道路上逐渐迷失了自己。因此，我们每个人都应学会正确地定位自己、认清自己，看到自己的价值，然后找准目标，挖掘自己的内在动力，再朝着正确的方向努力，这样才能充分发挥自己的价值。总之，我们要告诫自己，绝对不能做一个没有追求、漫无目的的享乐主义者！

第05章

运动起来，从身体锻炼中获得意志力

在古希腊有句格言：“如果你想强壮，跑步吧！如果你想健美，跑步吧！如果你想聪明，跑步吧！”卢梭也曾经说过：“身体虚弱，它将永远不会培养有活力的灵魂和智慧。”我们知道，科学的运动健身可以促进人体的生长发育，提高人体机能水平，减小发病概率，使人延年益寿等；但我们可能没有意识到，身体的锻炼还能让我们的心也得到修炼：缓解心理压力，保持心情舒畅，培养自控意识。因此，我们要把身体锻炼当成一项长期从事的事业，并坚持下去，相信我们能从锻炼中获得即时能量。

身体和心一样，越待越懒

生活中，人们常说“生命在于运动”，运动是保持身体健康的重要因素。早在2400年以前，医学之父希波克拉底就讲过：“阳光、空气、水和运动，这是生命和健康的源泉。”生命和健康，离不开阳光、空气、水分和运动。长期坚持适量的运动，可以使人青春永驻、精神焕发。每天都处于紧张的工作和生活压力之下的人们，你是否有这样的感觉：每天早上起床都感到浑身无力，而到了一天工作结束的时候，你已经累得四肢无力了；夜深人静时，你依然辗转难眠；你感觉到你的体重正在呈上升趋势……其实，这都是你的身体开始出现亚健康的标志。怎么办？也许你会想到很多种治疗方式，你开始吃安眠药，你开始节食，但似乎并没有多少成效，正如曾经有人所说的：“运动的作用可以代替药物，但所有的药物都不能替代运动。”如果你尝试着坚持运动，你会发现，汗水会让你的身体慢慢地轻盈起来。

在美国，前总统布什是他们运动以及锻炼身体的楷模。

布什没有那么多的时间进行户外训练，于是，他把跑步的项目放到了健身房中；在重量训练上，他还进行了坐姿推举、扩胸与扩背运动。

为了锻炼身体，布什经常利用一切可以利用的时间跑步。曾经，在访问墨西哥的途中，他在空军1号会议室里的一台跑步机上跑了起来。可以说，布什是走到哪里就跑到哪里，他跑步的身影在美国的许多地方出现过。在总统套房里，在戴维营的林间小道上，当然，还有位于白宫顶楼的健身房内。

迄今为止，他个人跑步的最好成绩是6分钟45秒跑完1英里。

布什每周跑步4～5次，举重至少2次。其中周四进行长跑，周日一般进行快跑训练，其他时间进行慢跑和器械练习。

无独有偶，新加坡国父李光耀也是个爱运动的人，他每天都会坚持长跑20分钟。

不论在家还是出国，每天坚持跑20分钟已经成为他雷打不动的习惯。曾经，他说：“我每天都做运动，如果不做，便感到懒散，我发现健身操使我感觉更好，能开胃，也睡得更好。”他不仅喜欢跑步，还喜欢游泳和自行车。如果是应邀去没有运动设施的国家开会，他的随身行李一定要带着可折叠的健身脚踏车，于清晨或晚饭前进行运动。李光耀认为，有了运动，还要有足够的休息才能健康，每天睡眠8小时最理想，但通常他只睡六七个小时，因为他睡眠质量好，从不失眠。

李光耀曾是个胖子，喜欢吃炸鸡翅，喝啤酒和葡萄酒。他后来那副健康的身板，都是他努力进行体育锻炼的结果。他特别倡导体育运动，他认为，居住在城市里的人，必须注意锻炼身体，这方面他率先做到了。

正因为坚持运动，直至年过古稀，他仍然头脑清楚、精神饱满、腿脚利落。

生活中的人们，也许会说，我每天很忙，没有时间运动。那布什和李光耀是怎么做到的呢？所以，不要再给自己找借口了。如果你能坚持运动，那么，你不仅能减掉身上多余的脂肪，还能获得身心的放松。

美国运动医学院的研究表明，正确的运动可以帮你持久地保持健康活力和苗条体态的程度高达70%，更健康的心脏和更低的患癌风险是运动带来的最为显著的两大益处。

的确，运动的好处实在太多了，总结起来，大致有以下几个方面：

一、缓解身体的自然疼痛

如果你经常感到身体的某些部位不舒服，比如，头疼、膝盖疼或者脖子僵硬，那么，休息和吃药并不是最好的方法，而运动却能帮助你削减甚至消除这些症状。

美国斯坦福高级研究所的科学家表示，长期坚持有氧运动的成年人同那些总是喜欢躺坐在沙发上的人相比，肌骨骼不适的概率低25%。

你可以这样做：每周两次练习瑜伽或太极。这样可以增加身体的柔韧性，并且减少疼痛感。

二、提升语言能力

仅在跑步机上跑步锻炼就可以让你更加聪明。因为心脏快速跳动可以增大血流量，向你的大脑输送更多的氧气。同时，还能激发大脑中控制事务处理、制订计划和记忆区域的更新。

你可以这样做：用跑步上下楼代替跑步机。

三、减小感冒概率

适当的运动不仅能够加快你的新陈代谢，还可以增强你的身体免疫力，帮助你的身体对抗感冒病毒和其他细菌的入侵。

你可以这样做：保持运动，但不要做过度。如果经常剧烈运动，例如，跑步超过90分钟，反而会降低身体的免疫力。

四、更快乐地工作

英国布里斯托尔大学的研究表明，积极的生活方式可以帮助你更好地完成每天的工作计划清单；同时，你也能避免因为生病而耽误工作。

你可以这样做：参加健身课程，如果没有足够的时间，可以参加午间的瑜伽课程。

五、视力更清晰

对心脏有帮助的事物就会对视力有帮助。很明显，运动是对心脏有帮助的。英国的眼科研究发现，积极运动的生活方式会令随着年龄的增长所带来的视力衰退的概率减少70%！

你可以这样做：如果条件允许，每天步行6公里，全年戴上防紫外线太阳镜。

六、帮助深度睡眠

曾经有医学杂志报道，每周4次、每次至少用1小时来散步和进行其他有氧运动的人，睡眠质量会明显高于那些不爱运动的人。

的确，现代社会，伴随着高强度的工作压力、年龄的增长，人的睡眠形式会发生改变，很多人都有“浅眠”的苦恼。所谓“浅眠”，指的就是无法真正地进入睡眠，夜间休息不好，身体得不到调整，以致影响第二天的工作和学习。

你可以这样做：每天不管多晚都至少锻炼半小时。研究表明，对大多数人来说，夜晚少量和中度的运动并不会扰乱睡眠。

七、任何尺寸都觉得性感

适当有效的锻炼基本上可以保证拥有更好的体态。华盛顿大学的研究发现，只是一次20分钟的骑单车运动，就可以将女性的性吸引力指数提高169%！而且这一益处可以经受住时间的考验——哈佛大学对游泳者进行的研究发现，那些平均年龄超过60岁的人，仍然能够像年轻时一样获得性满足。

你可以这样做：每晚在享受浪漫时分前，不妨先进行20分钟有氧运动；每天步行或练习瑜伽会令你在任何时候都感觉良好。

心理小贴士

运动带给我们的最大好处就是让我们的身心更加健康。如果你发现某些运动非常适合你，那么这会使运动更加有趣；如果你对某项运动非常期待，那么你有可能会喜欢上这项运动。当然，运动也贵在坚持，一项运动至少坚持三周。一个舍得持之以恒花时间运动的人，在他四五十岁时，岁月一定会报偿他！

坚持体育锻炼，能提升意志力

我们知道，在追求成功的过程中，意志力起着无法替代的作用。那些成功者之所以成功，就是因为他们能吃得起苦、经得起挫折。大多数人都与梦想渐行渐远，这是为什么呢？因为我们认为梦想终归是梦想，只把它当成遥不可及、无法实现的目标。我们有很多理由，例如，我没有足够的资金开创自己的事业；我的学历不高；竞争太激烈，做这个太冒险了；我没有时间；我的家人不支持我……没有足够的资金，没有学历，没有这个那个，其实都是缺乏意志力的人为自己找的冠冕堂皇的借口。当然，意志力的获得也是需要我们掌握一定方法的。我们不难发现，生活中，那些能直面工作压力和困难的人，多半都有着健康的体魄，因为他们爱运动、坚持锻炼。据统计，有50%的人一周中至少有一天会感到疲惫。美国乔治亚州大学的研究者通过对70项不同的研究分析得出：让身体动起来可以增加身体的能量、减少疲累感。因此，我们可以说，身体的锻炼能磨炼心志。著名电影《阿甘正传》中的阿甘便是我们学习的榜样。

阿甘于“二战”结束后不久出生在美国南方亚拉巴马州一个闭塞的小镇，他先天弱智，智商只有75，然而他的妈妈是一个性格坚强的女性，她要让儿子和其他正常人一样生活，她常常鼓励阿甘“傻人有傻福”，要他自强不息。而上帝也并没有遗弃阿甘，他不仅赐予阿甘一双疾步如飞的“飞毛腿”，还赐给他一个单纯正直、不存半点邪念的头脑。

在学校里，阿甘与金发女孩珍妮相遇，从此，在妈妈和珍妮的爱护下，阿甘开始了他一生不停的奔跑。在中学时，阿甘为了躲避同学的追打而跑进了一所学校的橄榄球场，就这样跑进了大学。在大学里，他被破格录取，并成了橄榄球巨星，受到了肯尼迪总统的接见。大学毕业后，在一名新兵的鼓动下，阿甘应征参加了越战。在一次战斗中，他所在的部队中了埋伏，一声撤退令下，阿甘记起了珍妮的嘱咐，撒腿就跑，他的飞毛腿救了他一命。在越战中，阿甘交了两个好朋友：热衷捕虾的巴布和令人敬畏的邓·泰勒上尉。

战争结束后，阿甘作为英雄受到了约翰逊总统的接见。在一次和平集会上，阿甘又遇见了珍妮，而珍妮已经堕落，过着放荡的生活。阿甘一直爱着珍妮，但珍妮不爱他。两人匆匆相遇，又匆匆分手。

作为乒乓外交的使者，阿甘还到中国参加过乒乓球比赛，并为中美建交立了功。在“说到就要做到”这一信条的指引下，阿甘最终闯出了一片属于自己的天空。他教“猫王”埃尔维斯·普莱斯里学跳舞；帮约翰·列农创作歌曲；在风起云涌的民权运动中，他瓦解了一场一触即发的大规模种族冲突；他甚至在无意中迫使潜入水门大厦的窃贼落入法网，最终使得尼克松总统垮台。

因为“傻人有傻福”，阿甘还阴差阳错地发了大财，成了亿万富翁。而阿甘不愿为名利所累，他做了一名园丁。阿甘时常思念珍妮，而这时的珍妮早已误入歧途，陷于绝望之中。终于有一天，珍妮回来了，她和阿甘共同生活了一段日子，在一天夜晚，珍妮投入了阿甘的怀抱，之后又在黎明悄然离去。3年以后，阿甘又一次见到了珍妮，还有一个小男孩，那是他的儿子。这时的珍妮已经得了一种不治之症，阿甘同珍妮和儿子一起回到了家乡，度过了一段幸福的时光。珍妮过世了，他们的儿子也到了上学的年龄。一天，阿甘送儿子上了校车，这时，从儿子的书中落下了一根羽毛，一阵风吹来，它又开始迎风飘舞。

《阿甘正传》中，阿甘的母亲告诉他："人生就像一盒各式各样的巧克力，你永远不知道下一块将会是什么味道。"的确，在未知的人生面前，无畏的心才能让我们勇往直前。阿甘不平凡的人生就始于他那双"飞毛腿"，因为爱"跑"，他丝毫不畏惧前方的困难；因为爱"跑"，他感悟到了人生的真谛。

除了阿甘之外，生活中，很多人也惊叹于西点人的成功，并对他们超强的意志力感到佩服；但你可能没注意到一点，任何一个西点人，在文化知识的学习和体能的训练上都是双管齐下的，正是因为这样，他们不但拥有超人的智慧，还拥有强健的体魄。"体能、心智和精神的完美统一"，这是西点军校体能训练和领导力提升的目标。

45岁的戴纽斯上校言行一致，身体力行。在短短一周的访华期间，除了一些重大参观活动外，他还亲自参与了北大国际MBA2007级学生到河北赤城地区的近20公里徒步拓展活动。

西点军校严格的体能训练宗旨绝不是培养四肢发达、头脑简单的运动健将，而是培育一种战士的精神和对使命与责任永不放弃的品质，这为“战争”爆发那个时刻播下了胜利的种子。北大某届国际MBA毕业生参观西点军校后难以忘却的印象之一，就是西点士官生的精神面貌和强壮的体魄。

西点军校的校训是教育、培养并感染西点士官生，并使他们铭记“责任、荣誉、国家”，成为有品格、有勇气、精神刚毅、体能强壮的领导人。为此目的，西点军校不仅对士官生有严格的学术、道德、理念和军事技能要求，还特别重视通过体能锻炼课程、健康生活讲座、肢体灵活性训练活动和系列的体能测试，提高西点士官生的素质、耐力、爆发力、团队协作能力和在危机状况下的领导力与生存能力。体能锻炼课程包括拳击、柔道、攀岩、体操、生存游泳等竞技性体能活动和比赛，而且每个士官生必须参加体能训练的各种考核，以达到学校制订的标准。

总之，锻炼身体的过程其实也是一个训练身心的过程，因为这其中蕴含着坚持、忍耐、勇气等，如果我们能把身体的锻炼当成一项长期的活动，那么，我们的意志力也会在无形中得到提高。

心理小贴士

身体是革命的本钱，进行体育锻炼不仅有利于我们强身健体，更能磨炼我们的心智，让我们的体能、心智、精神在互动的过程中最终达到完美的平衡。

动起来，排解心理压力

现实生活中，许多人会面对工作、生活、学习等方方面面的压力，不良情绪常常不期而至。对此，有些人选择向他人发泄，有些人选择闷在心里，也有的人感到无所适从。殊不知，运动是排解压力的一种行之有效的好方法。

孙女士是一位医生。自年初医院对主任实行末位淘汰制以来，她的心理压力很大，经常感到头昏脑涨、四肢乏力、心浮气躁，脾气也越来越不好。半年以后，她人瘦了不少，气色也不再红润，有人说她得了抑郁症。近几个月，同事们普遍反映：以前那个心浮气躁、总感不适的她摇身变成了稳重大度、耐心敬业的人。是什么让她放下压力、乐观地去工作与生活呢？孙女士说，是运动，自从每天练瑜伽、散步，她感到浑身有使不完的劲。

生活中，像孙女士一样存在心理问题的人并不少见。

生活中的种种问题让他们情绪不佳，却又不知如何宣泄。其实，运动就是一个很好的方法。据统计，有50%的人一周中至少有一天会感到疲惫。

我国著名的地质学家李四光，在著名的伯明翰大学学习期间，正值第一次世界大战爆发。交战双方为了重新瓜分世界、争夺殖民地，展开了生死大战。一时间，生活物资日益短缺，物价开始上涨，生活极度困难，许多留学生无法忍受，纷纷离开英国。但李四光硬是凭着顽强的毅力和从小养成的坚忍精神，节衣缩食，克服了种种困难，把学习坚持了下来。他常常利用假期跑到矿山做临时工，赚钱维持生活，以继续攻读。

在这样艰难的时候，他仍乐观旷达、劳逸结合，偶尔在假日走进公园，看看名胜古迹，并利用业余时间学会了拉小提琴，这也成了他终生的爱好。

的确，一个真正会学习的人不会打疲劳战，而是懂得通过身体锻炼来调节。不知你有没有这样的体验：当情绪低落时，参加一项自己喜欢又擅长的体育运动，可以很快地将不良情绪抛之脑后。这是因为体育运动可以缓解心理焦虑和紧张程度，分散人们对于不愉快事件的注意力，将人们从不良情绪中解放出来。另外，疲劳和疾病往往是导致人们情绪不良的重要原因，而适量的体育运动可以消除疲劳，减少或避免各种疾病。

我们都会产生一些负面情绪，都有心情不好的时候，比如，我们会愤怒，此时，有人会通过摔东西来发泄，在国外甚至有这样的商业服务。人在摔东西时的体力活动可以缓解愤怒、不满和烦恼等负面情绪。

当然，摔打东西并不是唯一的选择，我们还可以通过其他体力活动来缓解，体力活动时，肌肉工作本身同样具有调节情绪的作用。心情不好的时候找个场地锻炼锻炼身体，身心会都获益。如能有朋友一起陪伴锻炼，调节情绪的效果会更好。

大脑掌管人类的情绪、认知和运动等功能的区域不同，一个区域兴奋时，其他区域会相对抑制。因此，体育锻炼可以使大脑中情绪过度兴奋的区域安静下来，从而令不快的负面情绪逐渐缓解。

对大多数人来说，日常生活中，只要多参加运动，适当地调节自己的心情，就能获得快乐的心情、赶走不快的情绪。因为运动的效果是积极的，它可以激发人的积极的情感和思维，从而抵制内心的消极情绪。此外，运动时能促进大脑分泌一种化学物质——内啡肽，内啡肽可以帮助我们降低抑郁、焦虑、困惑以及其他消极情绪。同时，通过改善体能，也能增强自我掌控感，令我们重拾信心。

运动分成有氧运动和无氧运动两种，无氧运动一般都是短时间高强度的，对于调节情绪的意义不大，弄不好还容易伤到自己。最好还是有氧运动，不但有锻炼身体的效果，而且能调节情绪问题，帮助我们有效地应对情绪失控。

然而，有人说，运动会出汗。运动当然会出汗，这是毋庸置疑的，但除了汗水之外，我们收获的会更多，我们的身心会在汗水中得到释放。再者，并不是所有的运动都和人们想象的一样会出很多汗，比如，游泳，夏天里，最好的运动方式莫过于游泳。当然，无论哪种运动，出点汗都是好事，出汗之后，只要能迅速地补充体液、补充矿物质，再加上一个热水澡，那么剩下的就是舒舒服服的感觉了。尤其是在经过一段时间的剧烈运动后，那些所谓的烦恼都被抛到九霄云外去了，你会觉得身心畅快。科学研究表明，运动后人体内会产生一些类似兴奋剂的物质，让人感到愉快。

当然，体育锻炼不是劳作，而是快乐的追求。运动时刺激大脑内类似吗啡作用的物质分泌，所以人们运动后可以体验到一种享受的感觉。这是人体体育锻炼的内在推动力，不喜欢运动的人感觉运动是个负担，那是因为他们还没通过坚持体育锻炼调动起这种体验。

亲近大自然、新鲜空气和阳光，享受亲情、友情和团队的支持……很多与运动有关的外在因素推动锻炼的人感受快乐。

安排体育锻炼计划，就如同安排一个感受快乐的时间表，让运动的快乐如期而至，健康不会远离，生活中的种种美好也会陪伴在左右。

心理小贴士

体育锻炼作为一种健康、积极的生活方式，在增强人民体质、提高人体健康水平中发挥着不可替代的作用。最为重要的是，健康的身体机能能起到调节心理的作用，因此，当你心烦意乱、心情压抑时，适度地运动可以带来好心情。虽然运动对于人排解不良情绪有益，但应该把握适当的度，否则会对大脑机能造成损害。并且，你要选择自己喜欢的运动，这样才能有恒心，持久地练下去。

你的意志力接受不了不现实的要求

我们知道，体育锻炼是一种健康的、积极的生活方式，它在提高人体的健康水平中发挥着不可替代的作用。研究证实，科学的运动健身可以促进人体生长发育，提高人体机能水平；缓解心理压力，保持心情舒畅；减小心血管病、糖尿病等慢性病的发生概率；延缓衰老过程，使人延年益寿。然而，我们的肌体是有极限的，任何一个人进行体育锻炼，本意都是强身健体、放松心情，如果过度，就会适得其反，让我们的身体受到损耗。

实际上，和我们的身体一样，我们的自控意识也是有底线和极限的。现代生活时刻需要自控，而这会榨干你的意志力。我们只有一定量的意志力，一旦将它消耗殆尽，我们在诱惑面前就会毫无防备之力，至少会处于下风。我们先来看下面的案例：

尹娜是一名大三的学生，她即将参加她所在城市的模特大赛，令她苦恼的一点是，她虽然身高足够，但体重严重超标。她知道，以她这样的身形，是不可能胜出的。报名那天，她看到那些身材纤瘦的女孩，暗暗下决心，一定要在一个月内瘦掉20斤。

怎么减肥呢？她听说，只节食并不能起到作用，一定要运动，于是，她去某健身会所办了会员卡。一下课，她就泡在健身房里，她决定每天要花8小时运动。

刚开始的几天，尹娜浑身是劲，一想到自己未来可能成为一名名模，她可以不吃不喝地锻炼。看到她的锻炼模式，教练对她说："其实你没有必要这样，你会垮掉的。"

"没事，要瘦就必须要吃苦。"

看到尹娜这么坚持，教练也不好多说什么。后来，教练发现，尹娜面色萎黄，好像营养不良一样，原来，尹娜不仅进行高强度锻炼，还不怎么吃饭。

果然，就在模特大赛开始的前一天，尹娜倒在了健身房，被其他会员送到了医院，她的模特梦破灭了。

这则案例中，尹娜减肥心切，因此忽视了一个问题——人的身体是有一定承受极限的，即使进行体育锻炼，也要适可而止，为了减肥而进行超出身体极限的运动，只会让自己出现一些身体故障。

诚然，无论做任何事，我们都要有自控力，自控力就是人们为了适应环境、与人合作、维持关系，进而更好地生活而进化出来的人脑功能，意志力是一种抑制冲动的能力，它使我们成为真正的人；但自控力和我们的身体一样，也是有极限的。事实上，那些冠军运动员、获得非凡成功的生意人以及荣获诺贝尔奖的科学家，他们都知道这个道理，他们不会对自己太过苛刻，他们允许自己偶尔偷偷懒，允许自己犯错误。虽然他们在为一些远大的目标而奋斗，但是他们也能够接受有时不能达成这些目标而产生的挫折和失望。他们知道自己能够继续努力、改善工作。

然而，还有些自控意识太强的人，明明知道不可能做到所有的事情，不可能24小时工作或学习，还是常常对自己有不现实的要求，当无法实现这样的要求时，就会变得不知所措。失望之余，他们的意志力也出现反弹，变得薄弱。

2006年2月27日，在上海社会科学院亚健康研究中心举办的“过劳死”问题学术研讨会上，上海社科院社会学所助理研究员刘漪对最近发生的92个过劳死案例进行分析，发现近年来“过劳死”发病率直线上升，且男性人群居多。科教、IT行业、公安和新闻行业“过劳死”人群的平均年龄已在44岁之下，成为重灾区。IT 行业“过劳死”的平均年龄最低，只有37.9岁。

IT行业凭什么摘得这顶“黑色桂冠”？IDC华东总监张明认为，这是由IT行业产品更新快决定的。“听见过作家有过劳死吗？很少——因为他们写一部作品会有很长的时间酝酿，有充分的时间劳逸结合。”

如今，“亚健康”这个词频繁出现在我们的生活里，很多人之所以会出现亚健康，我们不能否认存在这样一个原因：他们对自己要求过高，他们承受着超出他们身体能接受的工作和学习强度。亚健康是一种临界状态，处于亚健康状态的人，虽然没有明确的疾病，却已出现了精神活力和适应能力下降的情况，如果这种状态不能得到及时纠正，非常容易引起身心疾病。

再举个很简单的例子，有购物热情的那些人，如果长期压抑自己的购物欲望，他们偶尔会进行一次大扫货，甚至购买他们根本不需要的东西，这就是一种情绪失控。再比如，长时间抵抗甜食的诱惑会让人更想吃巧克力。

也许你会问，我该如何解决这一问题呢？其实，这还是意志力的问题。如果你觉得自己没有时间和精力处理“我想要”做的事，就把它安排在你自控力最强的时候。如果你想彻底地改变旧习惯，最好先找简单的方式训练自己的自控力。自控力的疲惫感并不一定真实，“困难的事”和“不可能做到的事”是有区别的。只要你愿意，你就有意志。

事实上，很多你认为不需要意志力的事情，往往都要依靠这种有限的能量，甚至要消耗身体的能量。每当你试图对抗冲动的时候，无论是避免分散意志力、权衡不同的目标，还是让自己做些困难的事情，你都或多或少地使用了意志力，甚至很多微小的决定也是这样的。

心理小贴士

自控力就像肌体一样有极限，它被使用后会渐渐疲惫。如果不让肌体休息，就会完全失去力量，自控力也一样。自控力会消耗能量，从早上到晚上逐渐减弱，和肌肉一样有极限，但坚持训练能增强自控力。

第06章

控制欲念，摆脱金钱名利对你的束缚

两千年以前，老子说过：“五色令人目盲；五音令人耳聋；五味令人口爽；驰骋田猎，令人心发狂；难得之货，令人行妨。”自古以来，名利就像一个明星一般，让人们趋之若鹜。生活中，有多少人在尚未成功时就已经深陷在金钱名利、声色犬马之中。成大事者，首要的就是有控制对金钱权力的欲望的能力。如果控制不住心中的欲望，一不小心深陷此地，那你定会后悔终生。在诱惑层出不穷的今天，我们更需要有一定的社会自控力，这样才能成就大事。

拜金心理，只会让你一步步沉沦

人生在世，我们都有个共同的愿望，那就是追求幸福、美满的人生。很多人认为，一个人幸福与否，是和拥有多少金钱相关联的，因为金钱可以买到很多物质类的东西，比如，吃穿住行可以通过金钱来改善。诚然，我们每个人都有追求金钱的权利，但一个人如果不控制自己对金钱的欲望，那么，就容易产生拜金心理。所谓拜金心理，顾名思义，就是崇拜金钱，指的是一个人什么事都向钱方面想，喜欢金钱以至于不顾一切而盲目，是一种极端。我们先来看下面的故事：

从前，有两个非常要好的朋友，他们经常一起干活、一起吃饭，人们都说他们情同手足。这天，他们来到房屋附近的一个树林中散步。

突然，从树林深处蹿出一个和尚，和尚慌慌张张的，两人便问发生了什么事。谁知，和尚告诉他们，他在种植小树苗时，突然发现所挖的坑中有一坛子黄金。

两人一听是黄金，眼睛里顿时生出了异样的光芒，说：“这和尚也太愚蠢了吧，挖出了黄金应该高兴才是，怎么吓成这样子，真是太好笑了。”然后，他们问道，“你是在哪里发现的，告诉我们吧，我们不害怕。”

和尚说：“我看你们还是不要去，这东西会吃人的。”

两个人异口同声地说：“我们不怕，你就告诉我们黄金在哪里吧！”

和尚无奈，只好告诉了他们黄金的位置。两人听完后，赶紧跑进树林深处。果然，在一个刚挖的坑中，有一个坛子，打开坛子，这两人被黄金反射出的光震到了，谁都想将其据为己有。“这会儿天还没完全黑下来，要是把黄金拿回去太不安全了，还是等天黑。这样吧，现在我留在这里看着，你先回去拿点饭菜来，我们在这里吃完饭，等半夜时再把黄金运回去。”

于是，另一个人便按照他的朋友的办法，回去取饭菜了。留下的这个人想：你若回来，我就将你一棒子打死，然后这些黄金都归我了。而回去取饭菜的那个人则是这样打算的，我回去先吃饭，然后在他的饭里下些毒药。他一死，黄金不就归我了吗？

于是，接下来的一幕发生了：回去的人提着饭菜刚到树林里，就被另一个人从背后用木棒狠狠地打了一下，当场毙命了。然后，那个人看到朋友带来的饭菜，已经饥肠辘辘的他赶紧吃起来，谁知道，吃了几口就肚子疼，这才知道自己中毒了。临死前，他想起了僧人的话："和尚的话真是应验了，我当初怎么就没有明白呢？"

这个故事警醒世人，对于钱财的贪念会把人带向罪恶的深渊，让人失去理智。它可以使人相互摧残，甚至使最好的朋友反目成仇。当生命不存在时，聚敛巨额的财富又有何用呢？

求知上进、有所追求是一件好事，但是，若让欲望占据了内心，便无异于给人生的悲剧拉开了序幕。尼采说，人最终喜爱的是自己的欲望，不是自己想要的东西！能够控制欲望而不被欲望征服的人，无疑是个智者。被欲望控制的人，在失去理智的同时，往往会葬送自己。难道有钱花就是幸福吗？其实不然。钱财是生不带来死不带去的东西，一个人一生真正需要的物质财富是有限的，一味地拜金，最终只会坠入深渊。

贪字头上一把刀，一旦人的内心被贪欲所吞蚀，那他必将被其毒害……人生如同一条河流，有其源头，有其流程，当然也有其终点；而不管流程有多长或有多短，终究都会到达终点，流入海洋。那么，我们在活着的时候，有什么欲望是非要满足不可的呢？实际上，我们每天需要的不过是三餐一宿，我们需要的物质财富也不过如此，既然如此，为什么还要追逐那些身外之财呢？我们再来看下面的小故事：

一天，一只鸡啄来啄去满地寻找食物，它要给自己和自己的孩子寻找可以填饱肚子的东西。突然间，它从一堆废弃的树叶中发现了一颗珍珠，它惋惜地说："如果你的主人找到了你，他会非常高兴地把你捡起来，把你当成宝贵的财富；可我要寻找的是米粒，而不是你，对于我来说，你毫无用处、一文不值啊！世界上所有的珍珠，都不如一颗米粒对我有吸引力。"

又一天，一只精明的猎狗在森林里寻找主人打下来的猎物，在偶然间看到了一袋黄金。它跑上前去嗅一嗅，懊丧地说："哎，我还以为找到了主人打下来的猎物呢！不过，我相信主人肯定会非常喜欢，说不定他一高兴就每天赏赐我几根骨头呢！"猎狗这样想着，叼起那个口袋跑到主人身边。

"你真是太伟大了！我要用其中的一块黄金给你配一身最好的行头！"主人抚摸着猎狗说。

猎狗连忙恳求道："不，如果您不介意，我想每顿享用几根骨头。"笑逐颜开的主人爽快地答应了，猎狗从此每天都可以吃到骨头。

这个小故事告诉生活中的人们：幸福不是获得更多的财富，而是得到最适合自己的东西。幸福是可以选择的，我们在选择之前，首先要弄明白自己的内心真正需要的是什么，得到你所需要的，你就能获得简单的幸福。

生活中，绝大多数人为了生存而拼命地工作。而有些人却能轻易地或者不择手段地得到所谓的幸福——钱财。这样的幸福实在令人不敢苟同。比如，有的贪官聚敛钱财，不择手段，腰包越来越鼓，胆子越来越大。这种人觉得钞票越多越幸福，幸福得已经麻木了。直到走上被告席，才知道拿自己的生命和前途换来的幸福一文不值，悔之晚矣。

君子爱财，应该取之有道、用之有度。因此，千万不要为了几个小钱而去偷盗，千万别为了积累财富而伤天害理。

总之，一个人的人生坐标定在什么位置，他就有什么样的幸福。最大的幸福莫过于好好地活着，珍惜今天，珍惜当下。人生在世，会经历许多事情，坎坎坷坷，酸甜苦辣，人皆有之。一帆风顺，只是祝福语，只是一种愿望。其实，幸福就在我们身边，是要我们去寻找和创造的。遵守法律和道德的幸福，要好好珍惜；反之，离得越远越好。

心理小贴士

人是欲望和需求不断膨胀的高级动物，也正是由于不断增长的渴望，才使得一个人不断成长。在满足需求和追求的过程中，如果一个人的眼里只有钱，那么，他最终会成为金钱的奴隶！

失去对金钱的自我控制能力，会让你万劫不复

在我们的生活中，放眼所及，我们周围有很多人通过经商、做生意成功地获得了财富，他们比其他人生活得更富足，这令我们羡慕不已，于是，一些人为了获得财富，失去了原有的价值观和判断，甚至心生歹念，以致给社会带来不安气氛。有道是“君子爱财，取之有道”，追求利润并非罪恶，但方法必须是符合人道的，并不是不管干什么、只要能赚钱就行，想要获取利润，必须走正确的道路。牟利之心是经商或其他人类活动的原动力，任何人都可以有赚钱的“欲望”，但是，无论如何，对于金钱，我们一定要有自控力，绝不能让自己成为财富的奴隶。

的确，生活中，任何人都要生存，于是，人们因地因时制宜，千方百计地去挣钱。有的出卖自己的劳动力，有的出卖自己的知识，有的出卖自己的智慧，有的出卖自己掌握的信息。“人穷志短”“一分钱难倒英雄汉”。然而，金钱，只有在消费它的时候，才能体现它的价值。放在家中，只是一堆废纸，甚至比废纸更让我们劳心费力；存在银行，只是一个数字，并不比一个普通数字更能带来乐趣。当我们过分地看重金钱时，金钱就失去了它原本的使用价值。

在清代民间，人们常说，“和珅跌倒，嘉庆吃饱”。和珅之所以为千夫所指，走上万劫不复之路，可以说，就是因

为他失去了对金钱的控制能力。

和珅为官之初，他的理想是报效国家，他的政绩也很多，比如，与朝中的清官一起打击福康安、福长安等贪污官员，26岁的他就已经就任管库大臣，管理布库。这些工作经验让他学会了如何管理钱财，这期间，他一直清正廉明。在他任职的这些年，布的存量大增，他凭借这些才干，得到了乾隆的赏识。

乾隆四十年十一月，和珅升为御前侍卫，并被任命为正蓝旗满洲副都统。乾隆四十一年正月，授户部侍郎，三月授军机大臣，四月授总管内务府大臣。两年间，和珅清廉为官，勤奋好学，是一位有为的青年。

和珅开始走向贪污的转折点是查办总督李侍尧涉嫌贪污一案。李侍尧案审结后，李侍尧被判斩监候，而他的财产，居然被和珅私吞，加上乾隆的赏赐，和珅终于初尝掌握大权大财的滋味。

后来，和珅的长子丰绅殷德，被乾隆指为十公主的额驸，领受乾隆赏赐黄金、古董等，从此，百官更是争相巴结和珅。

刚开始，和珅并没有想着受贿，但时间一长，他经受不住诱惑，开始贪污。他广结党羽，形成一股大势力，更培植了犯罪集团用以迫害政敌、地方势力和人民，和珅及其党羽俨然成了一个金字塔式的大贪污集团，而和珅就立在金字塔的顶端。

嘉庆登基后，列出和珅二十条罪状。和珅后被嘉庆皇帝赐死。

乾隆年间，和珅受皇上宠信之极，其官阶之高、管事之广、兼职之多、权势之大，清朝罕有。但这一切都是过眼云烟，他损害了人民的利益，欺上瞒下，最终落得个狱中自尽并遗臭万年的凄惨结局。我们不难发现，为官之初的和珅原本是个清廉之人，但李侍尧案后，他尝到了金钱的滋味，从此失足，形成了错误的人生态度，最终成千古恨。

马克思说资本家对利润的追求是贪得无厌的，其实，不仅是资本家，我们每个人都有追求财富的动机。因为我们的生存需要物质，这无可厚非。但有人过了头，把对金钱的追求当成了最终并唯一的目的。因此，我们一定要谨记：君子爱财，取之有道，你多赚来的钱都是他人的，以正道赚取，人们才会信任你，否则，你便是自掘坟墓。

的确，我们每个人都渴望能够成功、拥有更多的财富。可当这一切都实现的时候，你真的快乐了吗？微创（中国）董事长兼CEO唐骏曾对成功标准、幸福指数等内容进行了阐述。唐骏表示，如果把所有的人生目标都放在财富上面，纯粹是为了“金钱”两个字，这样的人生并不精彩。唐骏认为，并不是财富拥有得多幸福指数就变高，财富不等于快乐。那么，什么是成功？你拥有了财富，拥有了地位，拥有了大家的尊重，算不算成功？当然这些是成功的标志。但如果你还想做一个快乐的人，就必须懂得舍得的智慧，看淡财富，甚至舍得金钱，你才能真正获得快乐。

的确，“家有黄金万两，每日不过三顿；纵有大厦千座，每晚只占一间。”我们每个人对于物质财富的需要都是一定的，如果我们看轻金钱，那么，我们就能放下很多苦恼。最为重要的是，在学会自控之后，我们的人生境界必定得到提高，人生必甚畅意。

心理小贴士

“君子爱财，取之有道。”什么是“道”？就是一种正确的金钱观，一个人能够控制自己对物质财富的欲望，也就有了安身立命的基础、生活的原则。所以，无论是富贵还是贫贱，无论是仓促之间还是颠沛流离之时，都绝不能违背这个基础和原则，都不能成为金钱的奴隶。

名利是一把双刃剑，学会控制你的欲望

自古以来，名利就像一个明星一般，有数不清的追随者，可以说，当今世人没有谁能回避得了名利二字！只不过有的人名小，有的人名大；有的人利少，有的人利多。有的

人为了出大名获大利，追求了一生一世。也许人们觉得，只有获得了名利，才会感觉到快乐。但果真如此吗？答案是否定的。适度地追求名利是可取的，但如果你放任自己对名利的欲望，使之超出理智，那么，你就会迷失自我，甚至葬送生命。

的确，名利是一把双刃剑，关键要看我们怎么掌握，掌握好了，我们会一路光明，风光无限好；而掌握不好，也可令智昏，损人亦损己。因此，没有名利，我们不可太过焦躁；有了名利，应当加倍珍惜。如果过分地看重它，往往会为其所累，以致身疲力竭，得不偿失。毕竟人活着不是为了名利，而是为了人生的幸福和快乐。

吴起是战国时代的名将，谋略超人，但同时他也痴迷于名利。为了求名，他不择手段。曾经，为了赢得鲁国的信任，他竟然杀了与他共患难、携带大量金银珠宝与他私奔的妻子，就因为他的妻子是鲁国的敌国——齐国的人。事后，他终于成名，但不幸的是，他总遭小人暗算，几次跌下神坛，三起三落。因求名而得名，他做到了；然而，盛名之下，其实难副，因名丧命，他最终失败了。

然而，现代社会，类似吴起的人并不少见。诚然，社会竞争之激烈要求我们做到不断地充实自己，否则就会被社会淘汰；但如果一味地以追名逐利为目的，那么，在不断的追逐中，我们终将失去自我，成为名利的奴隶。因此，我们需要常常自省，检查自己的行为与思想是否偏离了人生轨道。

的确，人生在世，我们追求的终极目标是幸福，而幸福说到底就是一种感觉，也就是说，幸福的关键在于你觉得自己幸福。然而，我们似乎忽略了这一点，我们把自己的幸福与否建立在别人对我们的评判上，甚至一直在追逐那些虚无缥缈的、自己并不需要的东西——这样的你，真的幸福吗？

曾经，有个成功人士，和很多追求成功的人一样，也经历了很多坎坷。

十几岁时，他给人打工、干体力活。每天，他清早就起床，夜晚凌晨以后才睡觉，他没有朋友，只是努力地干活。那时候，他想，要是能拥有自己的一家店面就好了。

几年后，他有了一点积蓄，于是，他用这钱盘下了一间店，做起了生意。那时候，虽然忙点，但生意还是不错的。他没有闲钱雇用伙计，他什么都自己亲自动手，他心想，过几年，等生意做大了再休息吧。

又过了几年，他凭借自己的努力，生意越来越好了，店也开得越来越多，每天的资金流动量很大，他更不放心把生意交给别人打理了，还是自己苦拼，联系货源、接待客户、管理账目……没黑没白，忙得如有狼在后面追一般。看他真的好辛苦，有人就劝他：“你放一放可以吗？好好地休息一天，看看世界会不会大变！”

他回答：“那怎么行，我若不做，别人就会抢走我的生意，前面的那些大户我会追不上，后面的一些中小户又逼上来，放一放，我会落在后面的。”

终于有一天，他累倒了，他被迫躺在病床上不能动了，他的生活里突然少了工作、少了生意，他终于有时间好好地想想自己的人生了。

一天，他亲眼看见一个病友被抬出病房，之后便再也没回来。“那是个多么年轻的小伙子啊！”他感叹道。

那张已经空了的病床，让他感慨颇多，他突然明白一个道理：

人由生到死其实只是一步的事，人生苦短，何苦让自己过得这么辛苦呢？一直以来，自己的名利心太重，想要的太多，而真正得到的却很少。如果不是这次病倒，他会一直拼到五十岁、六十岁，甚至更久。没有娱乐、没有休息，最后两手空空地离开这个世界，这是一件多么可悲的事啊！

出院后，他好像换了一个人，生意还在做，只是他交给别人打理了，即使那人有了失误，他也不大在意。人们经常在高尔夫球场上看到他；有时他也慷慨地与他的家人坐飞机到外地旅游。

他终于懂得了生活的意义，终于找到了所谓的放下——这颗人生中最宝贵的钻石。

其实，我们自打出生起，就一直在孜孜不倦地追求一样东西，那就是快乐，无论是追求财富、名利还是地位，都是为了获得快乐。可悲的是，现实生活中的一些人，总是不安于现状，他们从不会对“一日一鱼”感到满足，而是总有无止境的追求，于是，他们在这所谓的追逐中失去了原本快乐的自我。

生命如此脆弱，人生苦短，除了名利外，我们还有很多值得追求的东西，如健康、幸福等，和案例中的企业家一样，只有及早地幡然悔悟，才能收获一份最本真的快乐。如果一辈子为名利奔波而不知疲倦，那么，到头来，也只能与“气”一同入土。

当然，我们所说的淡泊名利，并不是说完全“出于世”“与世隔绝”，完全地不要名利，而是希望人们把名利看得淡一些，千万不要斤斤计较、患得患失；希望人们本分一些，不要浮躁难耐、寝食难安。

心理小贴士

名利是一把双刃剑，它能督促我们不断努力；但如果盲目地追求名利，不控制自己的欲望，那么，我们只会为名利所累。实际上，人生本就是一场梦，须臾即逝，因此，大可不必整日忙着追逐功名利禄，金钱、物质等都是带不走的虚无缥缈的东西，只有快乐才是我们应该追求的终极目标。

欲望无止境，学会控制

“贪者，恶之大也。”“祸莫大于不知足。”“非智之不足，非技之不胜，利令智昏，贪婪之心，才是天下祸机之所伏。”贪婪是人性的一大弱点。一般而言，贪婪心理的形成主要有以下几个原因：错误的价值观念；认为社会是为自己而存在，天下之物皆为自己所拥有。这种人存在极端的个人主义思想，是永远不会满足的。他们会得陇望蜀，有了票子想房子，有了房子想位子，从不知足。因此，他们陷入无止境的欲望之中，一旦自己的欲望满足不了，就开始产生焦虑情绪。这样的人，又有何快乐可言呢？

人们常说：“欲壑难填。”的确，尤其对物质欲望、富贵荣耀、名利的追求，更是无穷无尽，而这，很可能会让我们迷失自己。只有保持一颗平常心、拿捏好分寸，才能得之淡然、失之坦然，才能合理地节制自己的欲望！

《论语·别裁》中说：“有求皆苦，无欲则刚。”其实，欲是人的一种生理本能，每个人都有形形色色的“欲”，合理的欲望是人们生存的原动力。不过，凡事都不可过度。假如对欲望不加以合理的控制，人们就会有越来越多的贪念，最终导致欲壑难填。在生活中，越来越多的贪求欲者被物欲、财欲、权欲等迷住心窍，攫求无度，终至纵欲成灾。然而，一个人活着就无法摆脱各种各样的欲望，只要有欲望，就会有所求，而有所求又必然导致人们被痛苦纠缠。有这样一个故事：

从前，有一户人家，弟兄三人。

老大是个笨蛋，村里人认为他是个智力不健全的人。如今，他已经是个四十好几的人了，还没娶妻生子，一个人住在一间破茅屋里，连一件像样的衣服都没有。有人问他：“你最大的心愿是什么？”他情不自禁地脱口而出：“天天有新衣穿。”

老二，则是小康之家，衣食无忧，但不知道为什么，他偏偏长相难看，结果，他只能娶一个很难看的妻子。所以，当问到他的心愿时，他就迫不及待地说：“天天娶美妻。”

而老三是个聪明人，会做生意，现在的他已经是富甲一方的主了。而当人们问他有什么心愿时，他毫不顾忌地说：“挖一窖金。”

这是个故事，但从中可以深刻地看出人的贪婪之心。“人心不足蛇吞象”，多么贴切的比喻。贪婪之心，就像一个恶魔，一旦附身，就会让人迷失自己。仔细再想，其实我们每个人又何尝不是如此呢？读完这个故事，我们应该好好地反思一下了。如果我们能舍弃这些无止境的欲望，想想自己到底需要什么，我们是不是会收获更多呢？

其实，不管你是在温室中成长，还是在困苦中挣扎，欲望都会存在于你的心中。欲望可以成为我们的信念，支撑我们渡过难关；但是欲望也像鸦片，容易上瘾。皮埃尔·布尔古说过，“人们常常听到这样一句话：‘是欲望毁了他。’然而，这往往是错误的。并不是欲望毁了人，而是无能、懒惰或糊涂。”

现代社会中的人们，对于欲望，拿起来容易，舍下却很难。生活在商品经济的大潮里，每个人都要面对物欲横流的红尘世界的诱惑，那些纷纷扰扰的现实，时刻都在迷惑着眼球，欲望追求加快了人们前进的脚步，令人们总觉得不远处的鲜花和掌声正在向自己招手。其实，舍弃这些无止境的欲望也并非难事，只要我们学会关注眼前的幸福，体会人生，去欣赏生活中点滴的美好，我们的心境自然会豁然开朗。可见，有时，我们要懂得享受过程，真正让我们得到满足的也是过程，人的一生也是如此，最美的不是结果，而是人生的旅途。

其实，人之所以会陷入诱惑的泥潭，是源于内心的欲望。欲望就像毒品，是会上瘾的，当你一次满足了之后，就会不断地想要更多，那根本就是一个无法填满的无底洞，于是，你越来越难以抵御外面世界的诱惑。最后，人被欲望所控制，甚至成了欲望的奴隶，并最终被那些诱惑所吞噬。所以，我们应该记住：想成大事，必先克制内心的欲望，学会抵御外面世界的种种诱惑。

人不能改变过去，也不能控制将来，人能控制改变的只是此时此刻的心念、语言和行为。过去和未来虚无缥缈，只有当下才是真实的。因此，无论人的生命长久或短暂，人生的道路应该是宽阔有风景的，享受过程应该是愉快幸福的。

一个已经退休的富翁在海边买了一套房子，以安享晚年。这天，晚饭后，他在海边散步，看见一个衣衫褴褛的渔翁躺在附近悠闲地晒太阳，便好奇地问道："你为什么不打鱼呢？"

"为什么要打鱼呢？"渔夫反问道。

"挣钱买大渔船啊！"

"再以后呢？"

"买了渔船就可以打很多的鱼，然后你就有钱了。"

"有钱了又能怎么样呢？"

"你就不用打鱼了，可以幸福自在地晒太阳啦！"

"我不正在晒太阳吗？"

富翁哑口无言。

是啊，有时候，我们苦苦追求的所谓的幸福与快乐，其实就在眼前，那又为什么不知足呢？我们中的很多人，也许经过多年的打拼和艰苦的奋斗会有所成就，但是，难道一生都要如此忙碌地拼搏到死吗？其实，享受真正的人生之旅比直到那旅程结束时还没有感受到快乐重要得多。

要想控制自己对名利的欲望，我们需要修炼自己的心境，使自己淡泊从容。淡泊是一种很高的人生境界，是一种品质、一种德行、一种修养，值得你用自己的一生去追寻。当然，所谓的淡泊并不是指无欲无求。众所周知，人生就是由一个个欲望组成的，合理的欲望是人生的原动力。所以，淡泊指的是正确地取舍，属于我的，当仁不让，不属于我的，千金难动其心，这才是真正的淡泊。

心理小贴士

生命过程不可能重新来过，因此，我们必须珍惜这仅有的一次生命。面对名利，我们必须要学会自控，充实自己的内心，坚守自己的心灵，以清醒理智的态度步履从容地走过人生的岁月。只有这样，我们的生活才会更加轻松自在，我们的人生才会丰富多彩、豁然开朗！

第07章

战胜拖延，拖延与惰性总是狼狈为奸

我们的生活中，有一些有拖延心理的人，他们总是喜欢把今天的事留到明天，但“明日复明日，明日何其多”，即使再完美的计划、再伟大的梦想，如果没有你的行动，它也只是一个空想而已。俗话说：“今日事，今日毕，留到明天更着急。”拖延者往往有很大的精神负担——事情未能及时完成，都堆在心上，既不去做，又不敢忘，实在比多做事情更加受罪。因此，我们要力戒拖延，立即行动。

你内心的热火正一步步被拖延症磨灭

我们知道，成功人士的优秀品质有很多，而做事绝不拖延肯定是其最重要的品质之一。我们生活中的每个人，要想实现自己的梦想，就必须养成立即执行、拒绝拖延的习惯，因为拖延症会逐渐消灭你内心的烛火。

我们知道，任何伟大的理想不经过实践和行动的证明，都只是空想。说一尺不如行一寸，也只有行动才能缩短自己与目标之间的距离，只有行动才能把理想变为现实。成功的人都把少说话、多做事奉为行动的准则，通过脚踏实地的行动，达成内心的愿望。无论是谁，纵使满腔热血和理想，如果不行动，都将与成功无缘。年轻的你如果不行动、任凭时间消逝，恐怕只能叹“逝者如斯夫，不舍昼夜”，并一事无成！

只有因行动产生了信心，才会拥有一切。立即行动，而不是寻找任何借口逃避，这样的人才能最终赢得胜利女神的垂青。洛克菲勒曾说：“不要等待奇迹发生才开始实践你的梦想。今天就开始行动！”行动就是执行力，当你树立了一个理想后，就要立即执行，不要恐惧、不要拖延，否则，成功的机遇可能在瞬间流失。生活中，那些成功人士都有个共同特点，那就是敢作敢为，而非迟疑不定。乐安居董事长张庆杰就是凭借其超凡的行动力，以700元起家，终于成为亿万富翁。

张庆杰小学读完后就辍学了，他不得不赚钱补贴家用。刚开始，他靠卖水果营生。

1987年，张庆杰产生了要出去闯荡的念头。于是，他带着700元钱到深圳淘金。来到深圳，人生地不熟的他仍然卖水果。他骑3小时单车到深圳南头批发香蕉，再到人民桥小商品市场去卖，就这样，他一天能挣几块钱。

在卖水果的过程中，他也留意周围一些人做生意的门道。一次，他从老乡那里听说，深圳有很多村民到香港种菜，每天都会捎回一些味精、无花果等，这些东西利大又好卖。张庆杰感到这是个赚钱的门路。于是，他开始做起了收购无花果、衣服、袜子的生意。这些东西收购之后，再拿到市场去卖。由于价格合理，张庆杰买回的东西不到一小时就卖完了，收益也不错。后来，他将这项生意做大：东西一脱手，他就马上再去收购，然后再卖……到1987年年底，他赚到了16000元。有了这笔钱，他开始摆地摊。后来，他经营过服装，又从服装业转向珠宝，事业才开始了大发展。

可能很多人会问，用700元能做什么？这个问题也只有在实践和行动中才能找到答案，张庆杰也是这样做的，他从自己最熟悉的水果生意做起，艰苦奋斗，积累资金，寻找机会。

张庆杰的做法值得我们借鉴。在行动开始之前，不要想得太多，成功的道路是闯出来的，不是设计出来的，你只需要带着一颗努力的心上路就可以了。最有价值的思想是在实践中产生的，不是在开始行动之前产生的，在行动的过程中要勤于思考，勤于寻找机会，果断地把自己的思想变成行动。同样，生活中，当我们拥有一个理想或计划后，就要果断地执行，不要给自己太多的借口左思右想、延误行动。

事实上，生活中，每个人都有懒惰的心理，这是人类的天性。只是有些人能克服自己的惰性，并能以勤奋代之，最终取得成功；而有些人则任由懒惰这条又粗又长的枯藤缠着自己，阻挡自己前进。

绝不拖延首先是一个态度问题，只要你坚持采用这种态度，久而久之就会形成一种习惯。最后，这种习惯会融入你的生命，成为你展现个人魅力的优秀品质。正如持续改善的正面力量一样，拖延的反面力量同样强大。每天进步一点点，持之以恒，水滴石穿，你必将能成就自我。而每天拖延一点点，你的惰性就会越来越大，长久下去，你将跌入万劫不复的深渊。

曾经有一个关于寒号鸟的传说。

这种鸟很特别，它长着四只脚和两只光秃秃的肉翅膀，不像一般的鸟那样拥有轻盈的翅膀，不会在天空飞行。其实，寒号鸟原本不是这样的。

很久以前的一个夏天，寒号鸟比其他的鸟类更漂亮，它全身长满了洁白的、美丽的羽毛，因此，它很骄傲，认为自己已经是最漂亮的鸟了，甚至不把鸟类之王——凤凰放在眼里。它每天也不干活，只知炫耀自己的美貌。

很快，秋天来了，各种鸟类各自忙开了，有的飞向南方避寒，有的在准备过冬的食物。只有寒号鸟，既没有飞到南方去的本领，又不愿意辛勤劳动，仍然是整日东游西荡的，还在一个劲儿地到处炫耀自己身上漂亮的羽毛。

一眨眼，冬天终于来了，大雪纷飞，所有的鸟类都躲起来过冬了；而寒号鸟，此时饥寒难耐，而且它身上美丽的羽毛都掉光了，它更冷了，只能躲在石缝中避寒。它不停地叫着："好冷啊，好冷啊，等到天亮了就造个窝啊！"等到天亮后，太阳出来了，温暖的阳光一照，寒号鸟又忘记了夜晚的寒冷，于是它又不停地唱着："得过且过！得过且过！太阳下面暖和！太阳下面暖和！"

于是，整个冬天，寒号鸟就这样凄惨地过着。等到春天来的时候，其他鸟类飞来石缝旁边一看，寒号鸟已经冻死了。

这个寓言故事同样说明了拖延就是对我们宝贵生命的

一种无端浪费。鲁迅说过：“伟大的事业同辛勤的劳动成正比，有一分劳动就有一分收获，日积月累，从少到多，奇迹就会出现。”勤奋源于执着，源于永不放弃、永不松懈。假如你渴望成功，那就抓住今天，立即行动！明朝人文嘉曾写过《今日歌》：“今日复今日，今日何其少！今日又不为，此事何时了？人生百年几今日，今日不为真可惜。若言姑待明朝至，明朝又有明朝事。为君聊赋今日诗，努力请从今日始！”人生中没有比今天更重要的日子，生活在今天，做好今天的事，抓住现在，每天进步1%，你就离成功近了一步。

心理小贴士

拖延是一种习惯，立即行动也是一种习惯，不好的习惯一定要用好的习惯来代替。如果拖延的事情迟早要做，为什么要等一下再做？也许等一下就要付出更大的代价。因此，请写下来，有哪些事情是你最喜欢拖延的，然后立即下决心将它改变。不管你现在要做什么事，请你不要拖延，立即行动。这样才能变被动为主动，抓住机会，把事情做得更好。

不找借口，借口总是加剧拖延

生活中，每个人都有懒惰的心理，这是人类的天性。只是有些人能克服自己的惰性，并能以勤奋代之，最终取得成功；而有些人则任由懒惰这条又粗又长的枯藤缠着自己，阻挡着自己前进。前者就是那些有自控能力的人。从古至今，我们发现，任何一个能做到99%勤奋的人最终都会取得成功。李嘉诚就是最好的例子。

有位记者曾问亚洲首富李嘉诚："李先生，您成功靠什么？"李嘉诚毫不犹豫地回答："靠学习，不断地学习。"不断地学习知识，是李嘉诚成功的奥秘！

李嘉诚勤于自学，在任何情况下都不忘记读书。青年时打工期间，他坚持"抢学"；创业期间坚持"抢学"；经营自己的"商业王国"期间，仍孜孜不倦地学习。李嘉诚一天工作十多个小时，仍然坚持学英语。早在办塑料厂时，他就专门聘请一位私人教师每天早晨7点30分给他上课，上完课再去上班，天天如此。当年，懂英文的华人在香港社会是"稀有动物"。懂得英文，使李嘉诚可以直接飞往英美，参加各种展销会，谈生意可直接与外籍投资顾问、银行的高层打交道。直至年逾古稀，李嘉诚仍爱书如命，坚持不断地读书学习。

一个人不可能随随便便成功，李嘉诚向每个渴望成功的人展示了这个道理。我们都惊羡于李嘉诚式的成功，却做不到李嘉诚式的努力与勤奋。对此，你不妨问问自己：我能和李嘉诚一样勤奋吗？我是否从不为自己的懒惰找借口？如果你的回答是否定的，那么，你就知道症结所在了。也许，有些人会说，我不够聪明。而实际上，即使智慧，也源于勤奋。没有人能只依靠天分成功。自身的缺点并不可怕，可怕的是缺少勤奋的精神。勤奋面前，再艰巨的任务也可以完成，再坚定的山也会被“移走”。滴水能把石穿透，万事功到自然成。唯有勤劳，才是永不枯竭的财源。

事实上，懒惰是刚强者的宿敌，许多懒惰的人在心理态度方面都有问题。他们吝于在工作或职业上使出全力，觉得如果尽力而未能成功会很丢面子。他们的理由是，既然未曾尽力，那么失败了也可以振振有词，不愁找不到借口。他们感觉不到失败，因为他们从未认真地去做过。他们时常耸耸肩膀说：“这对我没有什么两样。”这样的人，终将一事无成。

古人云：“业精于勤，荒于嬉；行成于思，毁于随。”这句话告诉我们：学业会由于勤奋而精通，也可能会荒废在嬉笑声中；事情会由于反复思考而成功，也可能会毁灭于随随便便。任何人，即使是天才，如果不克服懒惰，也会变成一个懒汉。王安石笔下的仲永最终沦为凡人就证明了这一点。

生活中，可能很多人总是把“不”“不是”“没有”与“我”紧密地联系在一起，其潜台词就是“因为……我没有……”而这，实际上只不过是在为自己寻找懒惰的借口，也是没有责任感的表现。一个没有责任感的员工，不可能获得同事的信任和支持，也不可能获得上司的信赖和尊重。如果人人都寻找借口，就会在无形中增加沟通成本，削弱团队协调作战的能力。

勤奋可以使聪明之人更具实力，反之，懒惰则会使聪明之人最终江郎才尽，成为时代的弃儿。

也许有人会说，我还年轻，有大把的时间。但你可能没有意识到的是，现在的你还是聪明的，但如果不继续学习，就无法使自己适应急剧变化的时代，就会有被淘汰的危险；而学会了克服懒惰并能不断地学习，一切都会随之而来。只有善于学习、懂得学习的人，才能具备高能力，才能够赢得未来。

那么，我们应该如何用勤奋战胜懒惰呢？

一、紧紧地抓住时间骏马的缰绳学习

只有充分地利用好当前的时间，才不会有“白首方悔读书迟”的遗憾。伤逝流年，好像是在珍惜时间，其实是在浪费今日之生命。同时，更不要沉浸在对未来美好的向往中而放松了眼前的努力。山上的风景再好，如果不一步一步地努力攀登，是永远无法登上“险峰”而一览“无限风光”的。

二、学会肯定自己，勇敢地把不足变为勤奋的动力

学习、劳动时都要全身心地投入，争取收获最满意的结果。但无论结果如何，都要看到自己努力的一面。如果改变方法也不能很好地完成，说明或是技术不熟，或是还需要完善其中某方面的学习。你的扎实的学习最终会让你成功的。

（1）列出你立即可以做的事。从最简单、用很少的时间就可以完成的事开始。

（2）每天从事一件明确的工作，而且不必等待别人的指示就能够主动去完成。

（3）到处寻找，每天至少找出一件对其他人有价值的事情去做，而且不期望获得报酬。

克服懒惰，正如克服任何一种坏毛病一样，是件很困难的事情。但是，只要你决心与懒惰分手，在实际的生活学习中持之以恒，灿烂的未来就是属于你的！

曾经有人说：“懒惰是最大的罪恶，上帝永远保佑那些起得最早的人。”懒惰是现代社会中很多人共同的缺点，他们总是为自己的懒惰找借口。正是因为如此，他们最终丧失了很多成功的机会。人的一生，可以有所作为的时机只有一次，那就是现在。的确，一个人只有坚持“不找借口找方法”的信念，才能对自己的事业有热情，不管遇到什么事，都能以办法代替借口。

心理小贴士

面对惰性行为，有的人浑浑噩噩，意识不到这是懒惰；有的人寄希望于明日，总是幻想美好的未来；而更多的人，虽极想克服这种行为，却往往不知道如何下手，因而得过且过、日复一日。实际上，只有那些能与惰性作斗争并最终克服惰性的人，才与成功有缘。

立即行动，随时保持战斗状态

生活中，很多人想成功，但他们只愿意作很少的努力。而那些成功者之所以会成功，是因为他们即使害怕也会行动；而大多数人正是因为害怕而没有作为。约翰·沃纳梅克——美国出类拔萃的企业家这样说过："没有什么东西是你想得到就能得到的。"成功的人与那些蹉跎人生的人的最大区别，就是——行动！如果你能追溯那些成功人士的奋斗之路，你就会感叹："难怪他会做得这么好！"怎样的行动才能令人获得最大的成功呢？是马上行动！

现代社会，无论是职场还是商场，其竞争的激烈已如战场，假如你也渴望成功，那么，你就应该牢牢地记住，对于执行力的天敌——拖延，你一定要有自控能力，因为执行力就是竞争力，成败的关键就在于此。

美国钢铁大王安德鲁·卡内基在未发迹前的年轻时代，曾担任过铁路公司的电报员。

有一天，正值放假，但安德鲁·卡内基需要值班。就在这个平凡的值班日，发生了一件令人意想不到的事。

躺在椅子上休息的卡内基突然听到电报机嘀嘀嗒嗒传来的一通紧急电报，吓得从椅子上跳起来。电报的内容是：附近铁路上，有一列货车车头出轨，要求上司照会各班列车改换轨道，以免发生追撞的意外惨剧。

这可怎么办？现在是节假日，能下达命令的上司不在，但如果不现在决策，就会产生一些不可预料的恶果。时间慢慢地过去了，事故可能就在下一秒发生。

安德鲁·卡内基不得已，只好敲下发报键，冒充上司的名义下达命令给班车的司机，调度他们立即改换轨道。他的果断行动避免了一场可能造成多人伤亡的意外事件的发生。

当做完这一切后，安德鲁·卡内基的心里开始紧张起来，因为,按当时铁路公司的规定，电报员擅自冒用上级名义发报，唯一的处分是立即革职。但他转念一想，这一决定是对的。于是，在隔日上班时，他写好辞呈放在上司的桌上。

但令安德鲁·卡内基奇怪的是，第二天，当他站在上司办公室里的时候，上司当着安德鲁·卡内基的面，将辞呈撕毁，并拍了拍卡内基的肩头：“你做得很好，我要你留下来继续工作。记住，这世上有两种人永远在原地踏步：一种是不肯听命行事的人；另一种则是只听命行事的人。幸好你不是这两种人的其中一种。”

安德鲁·卡内基之所以成功，是因为他具有成功者的品质，这一点，在他未发迹时就已经显现出来了。可见，成功者之所以能够成功，关键取决于他能控制住自己拖延的心，有立即执行的习惯。反之亦同——失败者之所以失败，乃在于他们一直为自己的拖延找借口。

有人说世界上的人分别属于两种类型：成功的人都很主动，我们叫他们“积极主动的人”；那些庸庸碌碌的普通人都很被动，我们叫他们“被动的人”。仔细研究这两种人的行为，可以找出一个成功的原理：积极主动的人都是不断做事的人。他们真的去做，直到完成为止。被动的人都是不做事的人，他们会找借口拖延，直到最后他们证明这件事“不应该做”“没有能力去做”或“已经来不及了”为止。

有人说天下最悲哀的一句话就是“我当时真应该那么做却没有那么做”。每天都可以听到有人说：“如果我在那时开始那笔生意，早就发财了！”或者：“我早就料到了，我好后悔当时没有做！”一个好创意胎死腹中，真的会叫人叹息不已，感到遗憾；如果得以彻底施行，则往往能带来无限的满足。

的确，每天都有成千上万的人把自己辛苦得来的新构想取消或埋葬掉，因为他们不敢执行。过了一段时间以后，这些构想又会回来折磨他们。如果你不想让自己成为这些人中的一员，那么，赶紧从现在开始行动吧！

那么，应该怎样克服拖延的坏习惯呢？以下几点可供我们参考：

1.承认自己有拖延的习惯，有意愿克服，这样才能成功地解决问题。

2.找到拖延的原因。很多人迟迟不敢动手，是因为害怕失败，如果是这一原因，那么，你就应该强迫自己去做。

3.严格地要求自己，磨炼你的毅力。爱拖延的人多半都是意志薄弱的，当然，磨炼自己的意志并非一朝一夕就能做到的，需要你从小事、简单的事做起，并坚持下来。

4.别总为自己找借口。例如，“时间还早”“现在做已经太迟了”“准备工作还没有做好”“这件事做完了又会给我其他的事”等，不一而足。

5.坚持到一定的阶段，找到成就感。做事时，不要反反复复、停停做做，否则很容易让人对事情产生厌烦感。当事情做到告一段落时再停下来，这样会给你带来一定的成就感，促使你对事情感兴趣。

6.要端正态度，直面责任。“积极高昂的态度能使你集中精力完成自己想要的东西。”在工作中，应该始终保持平常的心态，要认识到，在任何时候，工作和责任始终捆绑在一起，工作越好，责任越大。没有工作也就无所谓责任，要敢于负责。

心理小贴士

一个人之所以懒惰，并不是因为能力不足或信心缺失，而是在于平时养成了轻视工作、马虎拖延的习惯，以及对工作敷衍塞责的态度。要想克服懒惰，必须改变态度，有了诚实的态度，负责、敬业的精神，积极、扎实的努力，才能做好工作。

有计划有目标，路才有方向

自古至今，大凡成功者，无不具备一项品质，那就是拥有不被打倒的意志力。他们从不拖延，而让他们成功的最为重要的原因还有一点，那就是有计划、有目标，不打无准备之仗。相反，那些失败者之所以迟迟不准备，是因为他们不知道自己从哪里着手。一个人看不到前方的路、看不到希望，又怎么有信心、有决心成功呢？

因此，我们需要知道的是，目标与计划会让心更有方向；否则，我们只能像一只无头苍蝇四处乱撞，无论我们怎么努力，最终都会以失败告终。

20世纪80年代，美国有一家著名的机械制造公司叫维斯卡亚公司，这家公司生产的产品远销全世界，因此，它实力雄厚，并代表着当时重型机械制造业的最高水平。“大公司门槛高”这句话是有道理的，很多毕业生都到这家公司求职，但都被无情地拒绝了，因为该公司的高技术人员爆满，不再需要各种高技术人才。然而，其丰厚的待遇和令人羡慕的社会地位，还是让很多人削尖了脑袋前来求职。

这群求职者里有个叫史蒂芬的人，他是哈佛大学机械制造业的高才生。和许多人的命运一样，他也在该公司每年一次的用人测试会上被拒绝。史蒂芬并没有死心，他发誓一定要进入维斯卡亚重型机械制造公司。于是，他决定先“混”进这家公司再说。他先找到公司人事部负责人，表示可以无偿地为这家公司提供劳动力，只要能让他在这家公司，哪怕不计报酬；并且，他会完成公司安排给他的任何工作。这位负责人起初觉得这简直不可思议，但考虑到不用任何花费，在利益的引诱下，这位负责人最终答应了，并安排他去车间扫废铁屑。

这份工作是没有报酬的，史蒂芬还得养活自己，于是，在一年的时间里，他白天在这家公司勤勤恳恳地工作，晚上还得去酒吧打工。

令史蒂芬失望的是，虽然他得到了所有同事和负责人的认同和好感，但公司并没有提及正式录用他的事。幸运的是，机会很快就来了。那是90年代初，公司的许多订单纷纷被退回，理由均是产品质量问题，为此公司蒙受了巨大的损失。公司董事会为了挽救颓势，紧急召开会议商议对策。当会议进行了很长时间却未见眉目时，史蒂芬果断地闯入会议室，提出要见总经理。

在会上，史蒂芬慷慨陈词，对公司出现这一问题的原因作了令人信服的解释，并且就工程技术上的问题提出了自己的看法，随后拿出了自己对产品的改造设计图。这个设计非常先进，恰到好处地保留了原来机械的优点，同时克服了已出现的弊病。总经理及董事会的董事见这个编外清洁工如此精明在行，便询问了他的背景以及现状，而后，史蒂芬被聘为公司负责生产技术问题的副总经理。

原来，史蒂芬采取的是一种退而求其次的办法。当他被拒绝后，他想方设法留在这家公司，是为了更彻底地了解这家公司。他在做清扫工时，利用清扫工到处走动的特点，细心察看了整个公司各部门的生产情况，并一一作了详细记录，由此发现了所存在的技术性问题，并想出了解决的办法。为此，他花了近一年的时间搞设计，获得了大量的统计数据，为会上的出色表现奠定了基础。

史蒂芬为什么能一举成功，让公司高层领导对其能力加以肯定，并由一名小小的清洁工成功晋升为技术问题副总经理？原因很简单，他懂得厚积薄发、伺机而动，因为他做了充分的准备工作，在该公司最需要自己的时候及时出现，以自己过硬的专业知识帮助公司解决了这项技术问题。我们设想一下，假如他空有为公司担当的勇气而没有一个完备的表现自己的计划、没有过硬的实力，恐怕这种表现只会适得其反。

因此，在追求成功的过程中，我们若想克服拖延的习惯，就必须让心更有方向，也就是说，在下定破釜沉舟的决心前，我们还要有缜密的思维和计划。切记，机遇总是留给那些有准备的人。

如果你梦想着成为知识专家，那就立刻看看自己适合于研究什么专业，立刻分析现在社会的前沿信息是什么，立刻专心于读书学习，立刻开始选书目、定方向、写笔记，立刻开始阅读，不要拖延时间；如果你梦想成为一流的营销员，成为亿万富翁，那就立刻开始研究产品、市场、人脉、营销，立刻拿起电话，立刻买上车票，立刻奔赴营销第一线；如果你梦想成为政治家，那就立刻学习演讲、学习写作、学习协调，立刻研究人脉、研究社会、研究管理……

那么，具体来说，我们应该怎么做呢?

一、制订完善的计划和标准

要想把事情做到最好，你心中必须有一个很高的标准。在决定事情之前，要进行周密的调查论证，广泛地征求意见，尽量把可能发生的情况考虑进去，以尽可能避免出现1%的漏洞，直至达到预期的效果。

二、制订的计划不要超过你的实际能力范围，而且内容一定要详尽

比如，你想学习英语，那么你不妨制订一个学习计划，安排星期一、星期三和星期五下午5：30开始听20分钟的英语录音磁带，星期二和星期四学习语法。这样一来，你每个星期都能更实在地接近、实现你的目标。

三、做事要有条理有秩序，不可急躁

急躁是很多人的通病，但是，任何一件事，从计划到实现的阶段，总有一段所谓时机的存在，也就是需要一些时间让它自然地成熟。假如过于急躁而不甘等待，就会经常遭到破坏性的阻碍。因此，无论如何，我们都要有耐心，只有能压抑那股焦急不安的情绪的人，才不愧是真正的智者。

四、立即行动，勤奋才能产生效率

我们都知道勤奋和效率的关系。在相同条件下，当一个人勤奋努力工作时，他所产生的效率肯定会高于他懒散的工作状态。高效率的工作者都懂得这个道理，所以，他们能够实现别人几辈子才能够达到的目标。

心理小贴士

人生不能没有目标，如果没有目标，就会像一只黑夜中找不到灯塔的航船，在茫茫大海中迷失方向，只能随波

逐流，达不到岸边，甚至会触礁而毁。在做任何一件事前，我们必须作好计划，计划是为实现目标而需要采取的方法、策略，只有目标，没有计划，往往会顾此失彼，或多费精力和时间。我们只有树立明确的目标，制订出详尽的计划，才能投入实际的行动，才能收获成就感和满足感。

第08章

控制自私本能，收获豁达内心

自私是一种较为普遍的病态心理现象。“自”是指自我，“私”是指利己，“自私”指的是只顾自己的利益，不顾他人、集体、国家和社会的利益。诚然，我们每个人都有权利追求精神和物质上的需求，但这并不代表我们可以对自己的自私心理不加控制。实际上，那些为一己私欲而伤害他人的人，其行为多半都是其自私的本性得不到应有的节制、超过一定限度而产生的结果。任何一个社会人，都有必要控制自己的自私本性，并且做到多行善、多为他人着想，当你做到这些后，你会发现，最终获利的还是你自己。

拓展心胸，超越自私本能

有人曾说，世界上最宽阔的是海洋，比海洋更宽阔的是天空，比天空更宽阔的是人的胸怀。人与人的交往中，难免会产生一些人际冲突，对此，你是心生愤恨，还是一笑而过？一个人是否具有宽广的胸怀，是判断这个人人品的重要标志之一。如果具备宽广的胸怀，这个人无论何时何地都会受到大家的欢迎；如果这个人心胸狭窄、小肚鸡肠，那么他很难拥有良好的人际关系。胸怀是做人的度量，也是一种境界。宰相肚里能撑船的故事就说明了这一人生哲理。

三国时期的蜀国，有一段时间，也就是诸葛亮去世后，是由蒋琬主持朝政的，他很受朝廷和百姓的爱戴。

他的属下有一个叫杨戏的人，性格内向，不善言谈，即使是上司蒋琬与他谈话，他一般也只是点头不语。对此，很多人看不惯，甚至在蒋琬面前嚼舌根子："杨戏这人对您如此怠慢，太不像话了！"蒋琬坦然一笑，说："人嘛，各有秉性，他不喜欢在我面前赞扬我，也不喜欢在我面前让我下不来台，所以沉默应该是最好的选择吧。其实，这不正是他的可贵之处吗？”蒋琬的这种气度被后人赞为“宰相肚里能撑船”。

蒋琬的话是正确的，不同的人，有不同的秉性，真诚地表达自己，才是为人的可贵之处。世界上的任何人和事，都没有绝对的是非善恶，宽容别人，就是尊重别人，即使别人犯了什么错，也不要一棍子将人打死，谁没有犯错的时候呢？

有句话说：“谨慎使你免于灾害，宽容使你免于纠纷。”宽容是种高尚的善意，它能使人换位思考，处理好人际关系。若无宽恕，生命将永远被无休止的仇恨和报复所控制。只有善于团结，才能得到友善的回报！历代圣贤都把宽恕容人作为理想人格的重要标准而大加倡导。《周易》中提出“君子以厚德载物”，荀子主张“君子贤而能容罢，知而能容愚，博而能容浅，粹而能容杂”。学会了宽容，也就学会了处世。人是社会的人，世间并无绝对的好坏，往往是正邪善恶交错，所以我们立身处世有时也要有清浊并容的雅量。佛家云：“精明者，不使人无所容。”我们常说的“得饶人处且饶人”，也是这个道理。事实上，宽容并不代表无能，而恰恰是一个人卓识、心胸和人格力量的体现，即所谓“海纳百川，有容乃大”。

有一天早上，在一所寺庙里，一位法师正好要开门出去，恰巧一个彪形大汉闯进来，狠狠地撞在法师的身上，并撞碎了法师的眼镜。谁知，这个大汉非但没有说道歉的话，反倒说："谁叫你戴眼镜的？"

令大汉奇怪的是，法师非但没有生气，反而笑了笑，不语。于是，他问："喂，和尚！为什么不生气呀？"

法师向大汉解释道："为什么一定要生气呢？生气既不能使眼镜复原，又不能让脸上的瘀青消失、苦痛解除。再说，生气只会扩大事端，若对你破口大骂或打斗动粗，必定会造成更多的业障及恶缘，也不能把事情化解。"随后，法师继续说，"若我早一分钟或迟一分钟开门，都会避免相撞，或许这一撞也化解了一段恶缘，还要感谢你帮我消除业障呢！"

大汉听完这一番话后，十分感动。后来，他又问了许多有关佛的问题及法师的称号，在大师的一番教导之后，他若有所悟地离开了。

事情过了很久之后，一天，法师接到一封挂号信，信内附有5000元钱，正是那位大汉寄的。

大汉为什么要给法师寄钱呢？原来，事情是这样的：大汉在读书时，不知勤奋努力，毕业之后，从事的工作也一直高不成低不就，为此，他十分苦恼。结婚后，因为不善待妻子，他的婚姻生活也不幸福。有一天，他上班时忘了拿公文包，中途又返回家去取，却发现妻子与一名男子在家中谈笑，他冲动地跑进厨房，拿了把菜刀，想先杀了他们，然后自杀，以求了断。

不料，那男子惊慌地回头时，脸上的眼镜掉了下来。瞬间，大汉想起了法师的教诲，这使他冷静下来，反思了自己的过错。

现在他的生活很幸福，工作也得心应手了，妻子也觉得他像变了一个人。因此，他特地寄来5000元钱，一方面为了感谢法师的恩情，另一方面也请求法师为他们祈福消业。

法师的宽容带给了大汉觉悟，教会他用一颗宽容的心去对待别人。宽容是一条环环相扣的纽带，让我们彼此相连，让我们认清彼此，让我们珍惜生命。宽容不仅需要“海量”，更是一种修养促成的智慧，事实上，只有胸襟开阔的人才会自然而然地运用宽容。

日常生活中，令人烦恼的事情时有发生。有时，不经意间，它会突然出现在你的面前，使你感到不快、厌烦；有时，还可能在你的心灵深处造成重创，甚至威胁你的生活。面对这些，我们应该如何对待呢？我们又该如何扩展自己的心胸呢？

一、树立共赢观与换位观

在交往中，如果与人产生了摩擦，应当把自己和对方所处的位置交换一下，站在对方的立场上，以他的思维方式或思考角度来考虑问题。这样，当你本来想发怒的时候，通过换位思考，你的情绪就会平静下来；当你觉得对方不可理喻的时候，通过换位思考，你会真切地理解他此时此地的感受；当你觉得自己受到伤害的时候，通过换位思考，你会变得宽容。比如，你可以尝试着说服自己：他之所以这样做，是有一定缘由的，我应该原谅他；然后慢慢地让自己接受现实，从心底理解和原谅他人，进而让仇恨的情绪随着时间的推移逐渐淡去。

二、常反省

任何一种品质和修养，都是在不断改正与积累中形成的。你不妨每天问自己：今天我因为心胸狭窄与人争执了吗？我还有哪些地方做得不好？经常这样问自己，你的心便会越来越宽广！

三、懂得忍耐

很多时候，我们需要宽容，宽容不仅是给别人机会，更是为自己创造机会。只有忘记仇恨，宽宏大量，才能与人和睦相处，才会赢得他人的友谊和信任，才会赢得他人的支持和帮助。念念不忘别人的“坏处”，实际上最受其害的就是自己的心灵。

心理小贴士

一只脚踩扁了紫罗兰，它却把香味留在脚上，这就是一种胸怀、一种修养、一种坦荡、一种豁达。荷兰的斯宾诺莎说过：人心不是靠武力征服，而是靠爱和宽容大度征服的。它一如阳光，亲切、明亮。

人为何自私

在中国的《三字经》中，有这样一句耳熟能详的话——“人之初，性本善”，意思就是，人在刚刚降临到这个世界上时都是善良的。当然，也有人认为“人之初，性本恶”，这是一套与“性善论”完全相反的言论。关于这两种观点，几千年来，人们一直争论不休，却一直没有结果。其实，善恶都不是人的本能。如果人性本善，那么，为什么我们的生活中还是有那么多的恶人恶事？如果说人性本恶，那就应该是恶恶相染、恶恶相承，这个世界就不应当有善人善事了；可实际上，这个世界中的善人善事也一直是源源不断的。可见，人性本善、人性本恶的说法都是不能成立的。那么，人的本性到底是什么呢？其实是自私。自私，顾名思义，指的是人在做出某种行为前，他的出发点和终点从主观上来说是为了自己。也就是说，只要是一个正常的人，其一切行为都是为了自己。当然，主观为自己的同时，客观上也常常出现为别人的情况。

自古以来，人们常说：“人不为己，天诛地灭。”其实这是对“人本自私”的最好阐述。自私是人类立足于客观事物的某种需要，如果一个人从根本上放弃了自己的欲望或需求，其结果只能是在人与人的竞争中和人与环境的抗争中失败，或者最终在精神上和肉体上被淘汰出局，即所谓的“天诛地灭”。

我们不难发现，一个婴儿来到世间的第一声啼哭，就是渴望获得——我需要食物，我需要父母的养育。这又何尝不是人性的自私面呢？在他未经受家长、学校的教育，没有得到礼仪的熏陶前，他是不懂得“孔融让梨”背后的含义的，他只知道吃。实际上，“孔融让梨”又何尝不是为了获得某种需求呢？只不过这种需求不是物质上的，而是精神上的。

因此，我们可以得出结论：首先，人类的需求是多样性的，归结起来有物质的和精神的两大类；其次，人为自己谋利的方式是多样性的，也可以归结为直接的和间接的两大类。人们有时偏重于物质需要，有时偏重于精神需要，有时是赤裸裸地摘取需要（直接方式），有时是拐弯抹角地获取需要（间接方式）。

然而，我们说人本自私，并不是说人们都应该自私为己，实际上，人的自私本性如果不受节制，超过一定限度地发挥，就会变成恶。为一己私欲而伤害他人，为一己私欲，走上万劫不复的道路，其实都是人的自私本性得不到应有节制、超过一定限度而产生的结果。任何一个社会人，都有必要控制自己的自私本性。对于那些明显自私的人、势利小人，人们都是拒绝与其交往的，谁愿意在自己的身边放一颗定时炸弹呢？也没有谁愿意被小人暗算。如果我们能不求回报地帮助他人，就能获得回报，这也是培养友谊的基础。

从前，在一个深山里，有一个小山村，村里的每一个人都起早贪黑地种植稻谷，但不知为何，每年的收成都很差，根本不能解决温饱问题。

后来，有一个农民走出大山，去寻找优质稻种，终于，他发现了高产量的稻种。果然，第一年试种，收成就很好。村民们看到他成功了，便想着能从他那里换一些稻种。可这个农民想，如果大家的稻谷产量都提高了，自己不就不能发财了吗？于是，他拒绝了乡亲们的请求。

第二年，他还是用这个新得到的种子播种，并且，他更加勤奋地耕种，谁知道，产量却很差。后来，他才明白，在稻谷授粉时，风将邻家的劣质花粉接种到他家的优质稻子上了。

此时，你肯定会笑话这个自私又愚昧的农夫。是的，自私狭隘是一切善良美好事物身上的毒瘤，是成功与和谐的天敌。与之形成鲜明对比的是一种善于为他人着想的博大、无私的胸怀。

自古以来，我们的身边就不乏正直忠诚者。而这一品质，也正是他们获得荣誉、赢得赞扬的前提条件。

包拯的性格严厉正直，对官吏苛刻之风十分厌恶，致力于敦厚宽容之政。虽然疾恶如仇，但他一向以忠厚宽恕之道推行政务。他不随意地附和别人，不装模作样地取悦别人，平时没有私人的书信往来，乃至亲旧故友的消息都断绝了。虽然官位很高，但他吃饭穿衣和日常用品都跟做平民时一样。他曾说：“后世子孙做官，有犯贪污之罪的，不得踏进家门，死后不得葬入大墓。不遵从我的志向，就不是我的子孙。”

在宋代，人们喊他为“包待制”，京城称他说：“关节不到，有阎罗包老。”哪里有不公，哪里就有包拯。当时的制度规定，凡是告状不得直接到官署庭下。而包拯打开官府正门，使告状的人能够直接到他面前陈述是非曲直，使胥吏不敢欺骗长官。

包拯在朝廷为人刚毅，人人敬之三分。那些宦官和权臣，在他面前，都会有所收敛。当时，许多州府将公家的钱挪贷给商人和手工业者，以牟巨利。但由于利息过高，很多借贷者最终破产，无法归还本息。经年累月，库银亏损累计十多万。任瀛州知州期间，包拯奏请朝廷免除了全部债务。朝中官员和势家望族私筑园林楼榭，侵占了惠民河，因而使河道堵塞不通，正逢京城发大水，包拯便将那些园林楼榭全部毁掉。有人拿着地券虚报自己的田地数，包拯严格地加以检验，上奏弹劾弄虚作假之人。

当时，凡是各库的供上物品，都向外地的州郡摊派，老百姓的负担很重，深受困扰。包拯在三司任职时，特地设置榷场进行公平买卖，百姓才得以免遭困扰。

包拯刚正不阿、为百姓伸张正义，这正是他能流芳百世的原因。生活中，有些人本着“人不为己，天诛地灭”

的想法，自私自利，这样的人在获取小恩小惠的同时，也让自己的品格蒙上了一层阴影。

因此，我们每个人都应该学会控制自己的私欲，只有塑造良好的品质修养，才能获得人生的阳光大道。因为，对于任何人来说，如果不具备正直忠诚这一品质，即使具备不平凡的智慧，也只是小聪明而非大智慧，人生的路只会越走越窄。

心理小贴士

人的本能并不是善恶，而是自私。人要生存、要活好、要发展，就不能不谋求自己的利益。谋取个人的正当利益，是每个人的权利和责任，应该受到尊重。我们在承认人本自私的同时，还应该控制自私的本能，学会多为他人考虑，这样才能获得更高阶段的需求，成为一个成功的社会人。

从潜意识出发，让理智控制自私心理

心理专家认为，自私是人的天性，就像贪吃是人的天性一样。从我们刚出生开始，我们就是自私的，我们不愿把手中的食物和玩具分给其他人。只不过，在逐渐成长的过程中，我们受到了教化，逐渐改正了自私的毛病；而另外一些人，却变本加厉，他们对家人、父母、朋友都很自私，总是一味地索取。实际上，那些自私的人凡事只从自己的利益考虑，他们不愿意与人合作。他们总会遭到别人的鄙视，也不可能有好的前景。他们鼠目寸光，总是放不开，总觉得自己的东西来之不易，而且体会不到分享的快乐。别人也会对这种人渐渐地失去兴趣，因为他们在自私者的身上得不到快乐的感觉。

自私是人类的本能，但这不是邪恶，贪婪才是邪恶。这种坏的行为习惯如果不加以克服，很可能从损害他人的利益开始，到损害社会和国家的利益，最后发展成贪婪。所以我们更应该自觉地克服这种自私心理，提升自己的理性，锻炼自己的意志。要控制自己的自私心理，我们需要从控制自己的潜意识开始。

有一则寓言是这样的：

从前有这样一个国家，这个国家的国王和所有的国民都没有接受宗教的教化，因此，他们更相信那些奇异的邪法。每当举行祭祀时，他们就大肆杀生，国内的动物成了祭典的牺牲品。

有一年，国王的母亲病重了。和往常一样，国王只好求助于巫师，他说：

“我的母亲患病时间已经很长了，我一直在寻找医生为她医治，但都没有什么效果，所以才不得不求助于各位。各位都是饱学之士，智慧超群，通达事理，也知晓宇宙景象。

到底是什么原因呢？应该如何才能医好呢？希望诸位能详细地解释一下。”

这群巫师还是按照老法子来，他们告诉国王：首先得在郊外找块干净的土地，群山围绕，面向日月星辰建造一座祭坛，杀一百只不同的牲畜和一个小孩来祭天，大王和王后都要亲临祭拜，这样太后的病才能痊愈。

国王自然听信了巫师们的话，他吩咐手下的人准备好了所有的东西，以举行祭天仪式。

因为要杀的生命太多，哭泣声太大，释尊听到了，“为了救一个人，竟牺牲这么多无辜的生命。”国王的愚蠢、顽固与残暴让释尊觉得必须要阻止这场恶行。于是，他带领一行弟子赶往祭天现场。巧的是，他与国王不期而遇。

看到释尊，国王非常感动，即将被屠杀的牲畜和孩子，看到佛陀，无形中升起恭敬心，并且觉得解救自己的人出现了。

于是，按照礼数，国王亲自下车，并取下头盖，合掌长跪望着佛。

佛陀问国王：“大王，你们想上哪儿去呢？”

“我的母后常年患病，无法医治，现在我终于知道问题的所在了。现在，我们正准备向四山五岳祈祷，答谢星座，乞求让母后延年益寿、早日康复。”

佛陀一听，便明白这是个无知的国王。于是，佛陀这样说道："大王，你若想五谷丰登，就不能只靠天，而应该努力耕作；你若想坐拥财富，就必须广行布施。若想延年益寿，自然要与人为善。善有善报，恶有恶报，你为保母亲延年益寿固然很好，但这样以杀害众多生命为代价，又怎能得到善报呢？若想延寿百岁，与其屠杀牲畜和孩子来祭拜天上诸神，远不如做一件善事来得好。"

释尊说完话，立即佛光普照，然后消失了。国王一行人听完以后，如梦初醒。于是，国王释放了所有的"祭品"，并开始大赦天下。不久以后，太后的病就好了。

故事中的国王为什么能转换思维，放下一己私欲？因为佛陀的一番话深入了他的心，让他明白了"种瓜得瓜，种豆得豆"的道理。的确，很多时候，事情的结果往往取决于我们的思维方式，而我们的思维是从潜意识里散发出来的，如果我们能从潜意识里控制自己的私欲，多为他人着想，我们种出的就是善果；而如果我们在大脑中选择恶意的思维方式，种出的自然也就是恶果，终将害人害己。

在人生旅途中，我们每个人都应该警醒自己，心存善念，多为他人着想，这样，你的人生旅途就会越走越宽。而自私者是悲哀的，他们总是渴望占有，他们拼命地保护自己的东西，同时又想方设法地掠夺别人；自私者是眼光短浅的，总是在乎眼前的一点点利益，总是认为东西还是抓在手里比较放心。阿瑟·赫尔普斯曾经说："许多人知道如何享乐，却不知道自己从何时起已不再向别人提供欢乐。”

自私者的心灵是生活在地狱中的，他们也会感到自私自利的邪恶力量，但他们不知道如何解救自己。要想改变自己自私的心理，我们需要先调整自己的意识，就如先哲说的：“人生的真谛在于认识自己，而且是正确地认识自己。”生活中，我们需要培养自己的反省意识，并不断地反思自己的行为。

这天，一个中年妇女在集市上从一对农民夫妇那里买了一袋大米，并交给对方200元钱。恰巧，当这位妇女准备离开集市时，她又遇到了这对夫妇。但不幸的是，不知为何，这位中年妇女好像扭伤了脚。农民夫妇见状，便用他们的人力车把中年妇女送到医院。待安置妥当后，二人意欲告辞，谁知这名妇女一把拉住他们的手，羞愧地相告：“我买你们大米的钱，用的是假币。”说罢，她拿出两张100元的真钞，塞到农民夫妇手里。

这是个多么有意思的故事。是什么让中年妇女痛改前非、认识到自己的错误呢？是农民夫妇的质朴和善良！仅仅是一步之遥，她没有跌进良心受到谴责的深渊之中。有时候，一步之遥的距离可以改变一个人的一生；而更多的时候，我们却没有勇气迈出那一步。

实际上，社会上那些阴暗的事情，如嫉妒、杀戮、偷盗，都是极端自私的表现。也许你认为自己不会做出那些事，但不可否认的是，你的身上仍然有自私的基因。因此，我们每个人都应该学会不断地反省，只有从潜意识里控制自己的自私心理，才能从源头上杜绝自私行为的出现。

心理小贴士

从潜意识中控制自己的自私心理，需要我们把宽容和博爱时刻镌刻在心里，以仁爱之心去爱人。总之，我们需要记住的是：从天使堕落到魔鬼仅一步之遥，从魔鬼升华到天使亦近在咫尺，选择只由自己。

改变自私本能从改变潜意识开始

我们知道，自私是一种较为普遍的心理现象，是一种近似本能的欲望。人都有追求某种需要的权利，都希望发展自己，但如果我们不对自己的私欲加以控制，我们就可能做出损人利己的事来，甚至触犯道德和法律的底线。然而，自私是一种处于人的心灵深处的心理活动，隐藏得较深，有自私行为的人很难意识到他在干一件自私的事，相反，他在侵占别人的利益时，往往心安理得。因此，如果你是个自私的人，如果你想改变自己，就需要从改变你的潜意识开始。

有人说，在人类的灵魂里，同时住着魔鬼和天使，他们一直在角斗。魔鬼，一定代表罪恶。天使，一定代表善良。魔鬼与天使的差别往往只是一念之差、一步之遥。善恶一念之间，但为善还是为恶，是可以通过思维意识控制的，善意的思考和恶意的思考自然会导致事物走向不同的结果。日常生活中，我们应该培养自己的利他感情，多行善、多为他人着想，最终你会发现，获利的其实是你自己。

在一座古庙里，年轻的小和尚问方丈："听说，除了我们生活的世界外，还有天堂和地狱，那地狱到底是什么样的地方呢？"

面对小和尚的疑问，老方丈这样答道："那个世界内，既有天堂，也有地狱，表面上看，它们并没有太大的差别，只是人们的心不同。"

老方丈的话让小和尚更迷糊了："怎么不同呢？"

老方丈继续讲道："在地狱和天堂里，有一个相同的锅，锅里煮着味道鲜美的面条，但是，要想吃到面条则很辛苦，因为只有长度达一米的筷子。对此，住在地狱的人，他们争先恐后地抢着吃面条，但可惜的是，筷子太长，面条不能送到嘴里去，最后他们开始抢夺别人的面条，于是，一锅的面条全部洒了，谁也没吃到。这就是地狱里的人的生活。"

"那住在天堂里的人是怎样生活的？"小和尚好奇地问。

"和地狱里的人相反，住在天堂的人，他们知道，要想自己吃到面条是不可能的。他们用自己的长筷夹住面条，往锅对面人的嘴里送，说‘你先请’，让对方先吃。这样，吃过的人说‘谢谢，下面轮到你吃了’，作为感谢和回赠，他们也帮对方取面条。所以，天堂里的所有人都能从容地吃到面条，每个人都心满意足。”

听完方丈的话，小和尚若有所思。

的确，我们是住在地狱还是天堂，完全取决于我们的心。这就是这个小故事想要告诉世人的道理。

事实上，那些自私的人正面临着心灵的荒漠、人格的缺陷，甚至将要面临他人生的失败：他们常常因得不到某种满足或者对别人的一点点不足过失耿耿于怀，所以往往痛苦多于欢乐、怨恨多于感动；他们都极端地自私和狭隘，甚至有可能演化成为危害社会危害他人的危险成分。其实，亡羊补牢，为时不晚，如果他们愿意改变自己，他们就能获得快乐。的确，多一份宽厚、多一份仁慈，我们的生活就会多一份开心。对别人宽厚仁慈，我们就会收获一份发自内心的尊重、一份鼓励、一份赏识、一份浓浓的爱。这种爱，就是宽容的爱、平等的爱、激励的爱。

对于自私这种病态社会心理，我们是可以克服的，最有效的方法就是从改变自己的意识开始。具体来说有如下方法：

一、自我反省

这里的自我反省，指的是通过反省来观察发现和研究自己的心理。实际上，自私很多时候是一种下意识的心理倾向。要克服它，我们就要经常对自己的心理进行自我观察。在观察时，我们一定要采用比较客观的评价标准。这个标准可以是社会公德，也可以是社会规范。另外，我们还需要加强学习，更新观念，强化社会价值取向，然后找出自己的心理和行为中不足的地方。

二、积极地参加社会活动，培养广泛的兴趣爱好

自私的人，一般来说兴趣少、爱好狭窄，常常躲在自己的世界里。因此，你应该多参加集体活动，也可以培养对文学艺术、体育的兴趣，从而使自己心情舒畅、乐观开朗。

三、为自己树立行为榜样

你可以从电影、书籍或电视剧中为自己找到行为榜样，他们多半是受人爱戴的；学习他们为他人着想、奉献的精神和良好的道德修养，并且尝试着从身边的小事做起。

四、在生活中学会换位思考

生活中，与人交往时，难免会因为利益问题而与人发生一些冲突，此时，不要冲动，应静下心来仔细地衡量一下，把自己放到别人的位置去考虑。要想到“你让我一尺，我还你一丈”，人与人的交往需要真诚与友爱，不要因为眼前的一点点小利益而失掉更宝贵的东西。

五、多做利他行为

想要改正自私心态的人，不妨多做些利他行为。例如，

关心和帮助他人、给希望工程捐款、为他人排忧解难等。私心很重的人，可以从让座、借东西给他人这些小事情做起，多做好事，这样可以在行为中纠正过去那些不正常的心态，从他人的赞许中得到利他的乐趣，使自己的灵魂得到净化。

心理小贴士

每个人的个性都是后天形成的，因而也可以通过后天的努力来改变。因此，即使你是个自私的人，你也可以从改变自己的意识开始，纠正自己的自私心理。当有一天，你认为自己是个胸怀坦荡、无私待人的人时，你不但能获得心灵的释放，还可以拥有良好的人际关系，从而最终做到借力发力，终成大器。

第09章

控制自我意识，思维独立方能驾驭人生

一位心理学家称，每个人都容易羡慕别人，因为，在比较中，你总会发现比你优越的人。很多人不禁感叹，自己何时能赶上别人？于是，在这种情况下，我们会不自觉地模仿别人，甚至会让他人的言论来决定自己的行为。诚然，参考他人的意见会帮助我们减少行为的失误，但一味地从众只会抹杀一个人意欲前进的雄心和勇气，只会让自己日复一日地滞足不前，以致一生碌碌无为。为此，我们必须学会控制自我意识，防止人云亦云，学会独立思考，这样才能在激烈的社会竞争中处于有利地位。

学会独立思考，别人云亦云

现代社会，我们强调要创新，任何重大成果的发现，都离不开创新意识的发挥。任何一个人，只有敢于突破、敢于创新，才能有所成就。如果你是一个有从众心理的人，那么你只能一事无成。曾有人做过这样的实验：

一群羊的前面横放一根木棍，第一只羊跳了过去，第二只、第三只也会跟着跳过去；这时，把那根棍子撤走，后面的羊，走到这里，仍然像前面的羊一样，向上跳一下，尽管拦路的棍子已经不在了。这就是所谓的“羊群效应”，也称“从众心理”。

我们再来看下面这个故事：

一位石油大亨到天堂去参加会议，一进会议室便发现已经座无虚席，于是他灵机一动，喊了一声：“地狱里发现石油了！”这一喊不要紧，天堂里的石油大亨们纷纷向地狱跑去。很快，天堂里就只剩下那位后来者了。这时，这位大亨心想，大家都跑了过去，莫非地狱里真的发现石油了？于是，他也急匆匆地向地狱跑去。

羊群效应就是比喻人都有一种从众心理，从众心理很容易导致盲从，而盲从之人往往会陷入骗局或遭到失败。羊群效应一般出现在一个竞争非常激烈的行业中，而且这个行业中有一个领先者（领头羊）吸引了大家的注意力。由此，整个羊群都会不断地模仿这个领头羊的一举一动，领头羊到哪里去“吃草”，其他的羊也去哪里“淘金”。

这个效应同时告诉我们，盲目地跟随他人不一定有好结果，我们的生活需要创造力。创造力是指产生新思想、发现和创造新事物的能力。身处竞争激烈的现代社会，我们应当具有锐意变革的精神，这样才能使自己始终处于竞争中的有利地位。对此，我们首先要做到的就是破除自己的从众心理，学会独立思考。

曾经有一个叫魏特利的人，他经历过这样一件事：

19岁那年，他的朋友特别多。一天，有个朋友和他约好，在周日早上，他们一起去钓鱼。魏特利很高兴，因为他还不会钓鱼。

因此，头天晚上，他先收拾好所有的装备，如网球鞋、鱼竿等，因为太兴奋，他居然穿着自己刚买的网球鞋就上床了。

第二天，他一大早就起床了，并且利索地把自己的东西都准备好了。他时不时地朝窗外看，看看他的朋友有没有开车来接他，但令人沮丧的是，他的朋友竟然把这件事忘记了。

魏特利这时并没有爬回床上生闷气或是懊恼不已，相反，他认识到这可能就是他一生中学会自立自主的关键时刻。

于是，他跑到离家最近的超市，花掉了他所有的积蓄，买了一艘他心仪已久的橡胶救生艇。中午的时候，他将自己的橡胶救生艇充上气，顶在头上，里面放着钓鱼的用具，活像个原始狩猎人。

随后，魏特利来到河边，他摇着桨，滑入水中，假装自己在启动一艘豪华的大油轮。那天，他钓到了一些鱼，又享用了带去的三明治，用军用壶喝了一些果汁。

后来，他回忆这次的光景时说，那是他一生中最美妙的日子之一，是生命中的一大高潮。朋友的失约教育了他，凡事都要自己去做。

生活中，最大的危险不在于别人，而在于自身；不在于自己没有想法，而在于总是依赖别人。

那么，生活中的人们，如何做到破除自己的从众心理呢？为此，你需要做到以下几点：

一、善于变被动为主动

萧伯纳有一句名言："明白事理的人使自己适应世界，不明白事理的人想使世界适应自己。"人都是在这种主动地不断调整、不断适应的过程中成长的。那些被动学习和工作的人，总是郁郁不得志。相反，那些积极上进勇于创新者，也许常有一时的困顿，但最终都能拥有一个比较辉煌的前景。

因此，你应该有主动的精神，只有主动的、积极的学习与工作，才是有效率的、创新的学习和工作。

二、敢于坚信自己

创新能否最终获得成功，是否相信自己很重要，有自信，相信自己正确，你就敢走自己的路，就能不怕失误、不怕失败。在大多数情况下，不敢自信走“小路”的人，通常也难成为创新型人才。

三、善于学习前人的经验

即便是牛顿这样的科学家，在概括自己的科学理论成果时也说，他是站在前人肩上的矮子。牛顿当然不是矮子，而是巨人，但他确实是站在前人的肩上的。没有对前人知识的学习、吸收和批判，就不可能有牛顿的科学理论创新。

四、敢于打破各种定见和共识

要想成为一个有创造力的人，你需要：

第一，不要迷信权威。第二，不要太依赖他人，学会独立思考。第三，摒除观念思维、经验主义等主观定式，不要给自己上思维枷锁。你不仅需要敢于挑战书本的权威，也需要敢于自我否定。

五、敢于否定他人

独立思考是否定他人、提出不同意见的前提，反过来，做到后者，你也会逐渐学会独立思考。

六、独立面对各种难题

正如一位名人所说：“所谓成长，就是去接受任何在生命中发生的状况。即使是不幸的、不好的，也要去面对它、解决它，使伤害减至最低。所谓的成长，所谓的智能，所谓的成熟，都不过如此。”这样的人才能独当一面，成为一个自立自强的人。

心理小贴士

一个有从众心理的人是很容易人云亦云的，这种心理足以抹杀一个人前进的雄心和勇气。它还会让我们跟随他人的脚步且只能停在别人的身后，以致一生碌碌无为。因此，如果你想获得成功，那么，从现在起，无论遇到什么，你都要学会独立思考，千万不要人云亦云。

控制自我意识，学会自主决断

有人说，成功最需要具备的一个要素就是智慧。然而，智慧从何处来？智慧的来源大致有以下三个方面：一是从你的知识而来，二是从你的经验而来，三是从自我反省而来。有智慧的人总是能坚持自我，有很强的自我意识，他们敢于走自己的路，不会因为路上的任何风景而分神，更不会因为别人的言论而动摇。

因此，任何一个渴望成功的人都要学会控制并且强化自我意识，遇事要沉着冷静，自己开动脑筋，排除外界干扰或暗示，学会自主决断。要彻底摆脱那种依赖别人的心理，克服自卑，培养自信心和独立性。有这样一个故事：

法国哲学家布里丹养了一头小毛驴，他每天向附近的农民买一堆草料来喂它。这天，送草料的农民出于对哲学家的景仰，额外送了一堆草料，放在旁边。这下子，毛驴站在两堆数量、质量和与它的距离完全相等的干草之间，可是为难坏了。它虽然享有充分的选择自由，但两堆干草价值相等，客观上无法分辨优劣，因此，它左看看、右瞅瞅，始终无法分清究竟选择哪一堆好。于是，这头可怜的的毛驴就这样站在原地，一会儿考虑数量，一会儿考虑质量，一会儿分析颜色，一会儿分析新鲜度，犹犹豫豫，来来回回，在无所适从中活活地饿死了。

小毛驴在两堆充足的草料面前，却落得个饿死的下场，真是令人匪夷所思。可见，迟疑不定不仅对人们做出正确的行为无丝毫的帮助，还会让人们延误时机，甚至酿成苦果。实际上，除了动物以外，人类似乎也在重复这个幼稚的错误。尤其是那些自我意识不强的人，他们总会因为周围人的一些所谓的建议而踟蹰不定，最终，他们也和这头小毛驴一样一无所获，甚至付出沉重的代价。要摆脱这种苦恼，我们就要训练自己的判断力，要坚定、勇敢、自信、果断，只要你一直朝着目标前进，他人就一定会为你让路。而对一个摇摆不定、踌躇不前、走走停停的人，别人一定会抢到他的前面去，决不会给他让路。

我们来看看下面这个故事：

小泽征尔是世界著名的音乐指挥家。一次，他去欧洲参加指挥家大赛，在进行前三名决赛时，他被安排在最后一个参赛，评判委员会交给他一张乐谱。小泽征尔以世界一流指挥家的风度，全神贯注地挥动着他的指挥棒，指挥着一支世界一流的乐队，演奏具有国际水平的乐章。

正在演奏中，小泽征尔突然发现乐曲中出现了不和谐的地方。开始，他以为是演奏家们演奏错了，就指挥乐队停下来重奏一次，但仍觉得不自然。这时，在场的作曲家和评判委员会的权威人士都郑重声明乐谱没有问题，而是小泽征尔出现了错觉。他被大家弄得十分难堪。在这庄严的音乐厅内，面对几百名国际音乐大师和权威，他不免对自己的判断产生了动摇，但是，他考虑再三，仍坚信自己的判断是正确的。于是，他大吼一声：“不！一定是乐谱错了！”他的喊声一落音，评判台上那些高傲的评委立即起身向他报以热烈的掌声，祝贺他大赛夺魁。原来，这是评委们精心设计的圈套。前面的选手虽然也发现了问题，但是他们都放弃了自己的意见。

为什么小泽征尔能做到“挑战权威”，并大胆地告诉评委们“一定是乐谱错了”？因为他能坚持自我，有很强的自我意识。倘若他不能坚信自己的判断是正确的，和其他几位选手一样，即使发现了问题也不敢提出来，或者放弃自己的意见，那么，在这场比赛中，他也只能和其他选手一样，被淘汰出局。

有这样一位企业领导，他有个长处，那就是不受他人干扰，即使有人在他旁边唠唠叨叨，他也能静下心来把事情完成，并且，做事干净利落，绝不拖泥带水。他那种明快果决的本领，十分使人折服。

然而，生活中的我们，往往做不到这样，我们常被身边的各种问题困扰、烦心，因为我们太容易被周围人的闲言碎语所动摇，太容易瞻前顾后、患得患失，以至于给外来的力量左右我们的机会。似乎谁都可以在我们思想的天平上加点砝码，随时都有人可以使我们变卦，结果弄得自己六神无主，而这正是我们成功途中的一个大障碍。

那么，具体来说，我们如何做到控制自我意识、不为他人的言论动摇呢？

一、不要总是依赖他人

那些习惯依赖他人的人才会把听从他人的意见当成一种习惯。因此，要树立并强化自我意识，我们首先需要破除这种不良习惯。你可以查一下自己的行为中哪些是习惯性地依赖别人去做、哪些是自己作决定的；可以每天作记录，记满一个星期，然后将这些事件分为自主意识强、中等、较差三等，每周一小结。

二、要增强自控能力

对自主意识强的事件，以后遇到同样的情况应坚持做。对自主意识中等的事件，应提出改进方法，并在以后的行动中逐步实施。对自主意识较差的事件，可以通过提高自我控制能力来提高自主意识。

三、独立解决问题

要克服摇摆不定的习惯，就得在多种场合提倡自己的事情自己做。因此，生活中，你再也不要让朋友或者父母当你的贴身丫鬟，也不要让他人帮你安排所有的事。比如，独立准备一段演讲词，独立地与别人打交道等。

心理小贴士

人性有很多弱点，如虚荣、自私、嫉妒、盲目……其中，缺乏主见会影响到一个人一生的命运。所幸的是，这些弱点本身虽然与生俱来、很难彻底消除，但是我们自己可以想出办法来克服它们、抑制它们或者引导它们朝着有利于自我的方向发展。日常生活中，我们需要控制并强化自我意识，敢于坚持自我，决不能被他人之言动摇。

学会拒绝也是自控力的一种

生活中，没有人喜欢被拒绝。同样，习惯于中庸之道的中国人，在拒绝别人时很容易产生一些心理障碍，这是传统观念的影响，同时，也与当今社会某些从众心理有关。不敢和不善于拒绝别人的人，实际上往往得戴着假面具生活，活得很累，而又丢失了自我，事后常常后悔不迭；却又因为难于摆脱这种“无力拒绝症”而自责、自卑。你是否曾经为以下事情伤脑筋：一个你曾经认识的人，他品行不良，但非要和你借钱，你深知，如果借钱给他，就等于肉包子打狗——有去无回；或者，一个熟识的生意人向你兜售物品，你明知买下就会吃亏；或者，你的患难朋友，曾在你最困难的时候帮过你，现在有求于你，而你心有余而力不足，但他不相信，认为是你忘恩负义，故意不帮助他……遇到这些问题，你该怎么办？要记住，你不是神仙，也不能呼风唤雨、有求必应，该拒绝的，就必须要拒绝。如果不好意思当场拒绝，轻易承诺了自己不能、不愿或不必履行的职责，事办不成，以后你会更加难堪。

因此，如果你能学会拒绝，那么，你就掌握了一种自控力。实际上，学会拒绝，并不是一件难事。我们先来看下面的一则案例：

陈平是一名部门主管，当初公司把他调到这个部门的时候，他就不大乐意，因为他早有耳闻，这个部门的前任主管在管理团队的时候喜欢事必躬亲，什么都为手下安排得妥妥当当的，喜欢当老好人。部门的大事小事，他总是一把抓，以致此部门员工没有得到很好的工作历练，因此，他们在公司所有部门员工中是能力最低的。但既然公司已经下达了指令，陈平只好硬着头皮上了，他也有志于改善部门状况。

刚报到的第一天，秘书小林就对陈平说："主管，我之前没有做过这类的报表，你帮我做一下吧。"

听到这话，陈平觉得很诧异，做报表在公司一直都是秘书的本职工作，小林的请求实在是太过分了。他很生气，但转念一想，要是第一次就这么严厉地对待员工的请求，势必会让自己在下属心中留下不好的印象。因此，想了想之后，他对小林说："不好意思啊，今天我刚来，事情太多了，等忙完这周的活，你再把数据表拿来。"

一听到陈平这么说，小林心想，这份报表周五前必须要交到公司财务部，哪里还等得到下周？于是，她只好自己去处理了。

这招果然奏效，后来，陈平用同样的方法摆平了很多下属的请求。

上面案例中的主管陈平可谓是一片苦心，为了让下属能尽快地成长起来，他觉得有必要让下属自己动手，于是，面对秘书的工作求助，他采取了拖延的策略加以拒绝。这种心理策略很简单，对于你不想答应的请求，完全用不着下决定，用不着点头或者摇头，而只须让来请求你的人迟些再来。例如，你可以说："我的任务现在排得满满的，你能不能两个礼拜以后再来找我？"如果这个人不错，他会把两星期后再来找你这件事加进自己的备忘录里。要是这人不地道，他肯定早把你忘了。有时候，如果你连着拖延两回，那个人就会放弃了。

当然，这只是拒绝他人的一种方法，具体来说，我们在拒绝他人时，还需要掌握其他一些要点：

一、态度要真诚

我们之所以拒绝对方，多半是因为我们实在无能为力，表明难处，也是为了减轻双方的心理负担，并非玩弄"技巧"来捉弄对方。因此，拒绝他人时，态度一定要委婉、真诚，特别是上级对下级的拒绝、地位高者对地位低者的拒绝等，更应注意自己说话的态度，不可盛气凌人，要以同情的态度、关切的口吻讲述理由，争取他们的谅解。而在结束交谈的时候，还应再次表明歉意，热情相送。

小张是公司的一名小领导，员工的工作他必须参与，上级领导的工作他也不能推托，因此，他常常忙得焦头烂额。最近，他负责一项权责以外的工作，弄得是头昏脑涨。因为是第一次经手工作，不明白的地方很多，所以常在思考上花费很多时间，导致工作进度很慢。偏偏在这个时候，上司又要求他去参加拓展业务的研讨会。

小张不自觉地就用比较强烈的口气拒绝说："不行啊，我现在根本就没时间参加什么研讨会。"

上司听后，似乎心头也起了一把火，很不满地说："好吧，那从此以后就不再麻烦你了！"

显然，小张的言辞上有不妥之处。遇到这样的情况时，首先要将上司的请求当作指示、命令。一道命令下来，就没有拒绝的余地。在这种背景下，如果不留余地地拒绝，上司肯定会发火，毕竟这让上司很没面子。这个时候，我们可以先说明一下自己的处境。一般来说，如果将自己的难处真切地说出来，上司是能体谅并且接受你的拒绝的。

二、不要伤害对方的自尊

人都是有自尊心的，当你在拒绝别人时，一定要先考虑到对方的感受，在选用表达的词语时应准确、委婉。

三、为对方找个出路

直接拒绝对方难免令人失望，此时，你不妨为其再指一条明路，比如，"这件事我实在没有时间帮你去办了，你不妨去找某某试试""这份资料我这几天就要用，不过图书馆还有一份没借出去，你赶快去，应该可以借出来"，因为对方有了其他"出路"，他对你的拒绝也就不会太在意。

总之，在拒绝他人的时候，注意以上几点会帮助我们将拒绝带来的不愉快降低到最低程度。

心理小贴士

拒绝别人或被别人拒绝，是我们每个人一生中每天都可能经历的事情。这是人生中非常真实的一面，谁都会遇到这样的经历，朋友、同事，甚至领导，都有可能来找你帮忙，但有时他们所提出的要求是你没有能力或不愿意去做的，此时，你就要学会拒绝他们的请求。当然，拒绝并不是简单地说“不行”，而要阐明不行的理由，让对方知道你的难处，从而理解你，这样你才不会因为拒绝对方而得罪对方，也不至于影响你们之间的交情。

眼光长远，别只在乎眼前的小事

在生活中，我们常听老人说：“做事之前就要想到后果。”其实，向前每走一步，我们都需要想应对的方法，如果不能看得那么远，至少我们需要看见一步，这就是一种远见。的确，我们做事情，不仅需要稳当、周全，而且不能急于求成，更不能被眼前的小事所累。在时机未成熟之前，我们一定要把持住自己。一个成大事的人，眼光总是比身边的人看得稍远一点。著名的美孚公司曾做了一次赔本买卖，可是，从最后的结果来看，它虽然放弃了眼前的利益，却收获了长远的发展，小利变大利、利滚利、利翻利，先前看似赔本的买卖，最终收获了高额的利润。这是一种商业中的计谋，也是每一个人需要的智慧。有时候，我们之所以需要学会自控，不被眼前小事影响，其实是为了以后更长远的发展。

在近代历史中，曾国藩无疑算是一个有远见的人。在任何时候，他都不为眼前小事所累，其最终的理想抱负是“修身、治国、平天下”，誓死效忠于清廷。

1858年，在清政府的不断催促下，曾国藩第二次戴孝出山。他率领湘军，经过6年的艰苦奋战，终于攻克了金陵。这一次，宣告了太平天国运动的结束，平定了天下。而另一方面，由于湘军号称30万大军，意味着清朝的军权第一次从满人转移到了汉人手中。这时，曾国藩的名声与威望都达到了顶峰。

在弟弟曾国荃看来，这是多么令人兴奋的事情，大好的利益就在眼前，于是，他极力鼓动哥哥曾国藩“自立”。不仅如此，其他一些随着曾国藩出生入死的将领也一起暗示要拥立他为皇帝。究竟是继续做万人景仰的中兴名臣，还是冒着成为乱臣贼子的风险君临天下，曾国藩为此思考了很久很久。

其实，最初同治皇帝曾作出承诺，谁能解除太平天国对清朝的威胁，谁能够打下南京，就封谁为王。可是，等到曾国藩真的打下了南京、功高震主而又手握兵权时，同治皇帝食言了，他只封了曾国藩“一等毅勇侯”。“飞鸟尽、良弓藏”的道理，曾国藩自然明白。最后，经过思考之后，他作出了惊人的决定，自剪羽翼，遣散了湘军，忍耐一段时间之后，重新找准了自己的位置。

历史证明，曾国藩的确是一名深谋远虑之人。在当时的情况下，皇帝宝座无疑是眼前最大的利益，他完全有能力、有实力自立为王，但他把持住了自己，没有轻举妄动。这是为什么呢？曾国藩确实很有远见，虽然攻破了南京，但他已经看清了当时的局势：清政府派遣了许多将领驻扎在长江，一旦自己叛乱，定会予以反击。而且，清政府开始有意识地培养自己身边的将领，分化湘军的内部力量，真的自立，那些将领绝不会与自己同谋。另外，曾国藩最初的梦想便是报效国家，而不是自立为王。所以，即便是在功成名就之后，他依然不敢享受成功带来的喜悦，而是以长远的眼光，忍耐在皇权下为官的战战兢兢。

在现实工作中，小到一个职员，大到一个公司，都需要有长远的打算。如果你只着眼于眼前的小恩小惠，迟早有一天你将被利益所吞噬，你的职场生涯也将宣告结束。其实，即便是工作，也不能含糊，对于这样一件事情，也需要我们去谋算，将自己的眼光放得更长远一些，不为眼前的小事所累，把持住自己，这样我们的职场之路才会走得更远。

食品公司的销售部经理离职了，因此这个部门经理的位置空缺出来，虽然下面的销售人才都很不错，但被总经理提名的只有两个候选人。在周一的例行会议上，总经理公布了这两人的名字，并且要求他们各自在一个星期内拿出自己的市场推广方案，谁的方案最优秀，就由谁来担任部门经理。小李、小张同时被列为候选人，两人平时还是好朋友，所以，这样一场竞争非常有意思，公司各部门员工对此议论纷纷。有人说小李绝对能胜任，因为他善于笼络人心；有人说小张绝对能任职，因为业绩比较突出。同时，有一个消息在办公室里炸开了锅，原来小李是经理夫人的亲弟弟，这可不得了，失败者似乎注定了就是小张。

小张分析了其中的利害关系，心想：小李有了这一层关系，看来自己终究是失败，不过，有什么要紧呢，如果自己真的失败了，表现得大度些，努力配合小李的工作，给人留下好的印象，日后定会有高升的机会。他就这样一边想着，一边准备市场推广方案。很快，一个星期过去了，两人同时把方案交到了办公室。总经理在大会上宣布了结果，懂得笼络人心的小李胜出了。小张知道自己已经失败，心情变得很坦然，鼓掌表示庆祝，似乎一点也不在意。

小李上任了，开始了管理工作。小张还是积极地跑市场，协助小李的工作，下班后，他与小李还是好朋友。公司里的人都说：“小张这人真好，升职机会被好朋友抢了也不说什么。”“就是啊，而且工作比以前更积极，这样踏实能干、谦虚的小伙子上哪儿去找啊！”三个月后，小张在朋友小李的推荐下，因业绩突出被提升为部门助理。

本来，同事小李有好的关系，这对于处于公平竞争中的两个人来说似乎并不公平，小张大可以因不服气而找上司闹，或者在小李胜出后故意与之作对。但是，聪明的小张很清楚眼前的人和事，自己要想有所作为，就必须将不服埋在心里，努力配合小李的工作，在公司博得一个好名声，这样，自己的业绩有了，也没得罪什么人，那高升的机会肯定会有。在这样斟酌之后，小张将想法投入实际行动，最后，他的目的达到了。

然而，现实生活中，有些人鼠目寸光，吃不得眼前亏，心胸狭隘，容不得一点损失，最终，他们难以成就大事。

可见，对于我们来说，在做每一件事情时都需要有长远的眼光，不计较眼前的小事，而是关注于长远的发展，从而达到舍小利保大局的目的。

心理小贴士

俗话说：“不飞则已，一飞冲天；不鸣则已，一鸣惊人。”在既成的局面下，我们只有控制住自己，不断地增强自己的能力，等待机遇的到来，再迅猛出击、奋起拼搏。

第10章

戒除心理依赖，逐步摆脱从前的陋习

生活中，我们每个人都或多或少有点陋习，要么是口无遮拦，要么是脾气坏，要么对烟酒有依赖心理。所谓陋习，就是不好的行为习惯，既然是习惯，就不是一日促成的。对于陋习，实际上我们是有一定的依赖心理的，我们会不自觉地去做。为此，如果我们能克服这些陋习，也就在无形中提高了自己的自控力。

祸从口出，自控首先要管住自己的嘴

生活中，我们每个人都需要与人交往、交流，这无可厚非，但有一些人，他们有很强的情感依赖性，在人际交往中，为了拉近彼此间的关系，他们常常对他人掏心掏肺，有点什么小秘密都藏不住，而事后他们才发现，管不住自己的嘴，会为自己带来很多不必要的麻烦。

因此，我们每个人在培养自己的自控力前，都有必要先学会管住自己的嘴巴。单纯的你是否发现，你曾经就是因为这点而遇到了一些麻烦：你原本以为对方是个知心人，但事后你才发现，他是个专门挖别人隐私并到处散播的小人；你原以为对方听你诉说是因为同情你的遭遇，谁知道，原来他是另有所图，而知晓后的你已经骑虎难下了……这样的例子太多了。因此，你若想让自己远离是非，要想拥有良好的人际关系，就必须学会三缄其口，管住自己的嘴巴。

对此，我们先来看下面一个小故事：

欣欣是一个单纯漂亮却有点懦弱的女孩子，对什么人都不怎么设防。从一所名校毕业的她顺利地应聘进入一家艺术公司，具体工作是给舞台礼服设计花样图案。她很珍惜这份能发挥自己专业水准的工作，但工作几个月后，她发现自己的老板是个很抠门的人，每天都会看着办公室的员工干活，看见谁偷懒，就会严格地扣除工资，而他给欣欣的工资每月只有1700元，除掉房租勉强只够吃饭。因此，欣欣并不能和其他女孩一样大手大脚地花钱，即使想约朋友，也只能把他们带回家里来，然后亲自下厨弄菜招待。

欣欣刚来公司的时候，认识了一个比她稍长一点的姐姐。因为在同一个学校毕业，且那个同事比她资深，算是个小领导，平时在公司对欣欣也算照顾，所以欣欣死心塌地对人家好。工作中，无论有什么事，她都喜欢问这位姐姐，当然，对方也给了欣欣不少帮助。

有一天，那位女同事因为和男友分手后心情不好，看到欣欣在工作，便不分青红皂白地把欣欣骂了一通。欣欣虽然也生气，但知道原因后，从那位同事的角度想了想，也就原谅了她。次日，她还是满面微笑地招呼那位同事，就当作什么也没发生过。

而那位女同事压根儿就是个小人，看见欣欣没有生气，反倒觉得奇怪："我这么对她，她居然没有一点记恨的表现，肯定是装的！"于是，这个女同事心生恨意，准备先下手为强，将欣欣赶出公司。终于，她等到了机会。

不久，两人去外地出差，客户选中了欣欣设计的几个方案，却没有挑中那位同事的任何一个方案。欣欣好心把样稿让一部分给那位同事做，没想到对方压根不念好，更对欣欣记恨在心。

第三天，欣欣被公司一个电话提前召回，等待她的是放在桌子上的辞退通知信。她流着眼泪读信，感觉自己是不明不白地被辞退的。后来，有个心眼好的同事告诉她，原来是那位女同事在老板那儿说了坏话，说欣欣在外出差不好好干活，设计的图案一幅没被选中，还抽空溜出去玩。老板当场大怒，下令立刻把欣欣开除，其他人怎么劝也没用。

这时，欣欣才知道原来自己是被陷害了，还是被自己一直信任的人，她真是哭笑不得。她也不想解释太多，于是收拾东西离开了公司。

欣欣的那位女同事，简直是一个现代版的“以小人之心度君子之腹”的小人，这样的小人生活中并不少见。其实，欣欣落得如此悲惨的下场，也与她自己交友不慎有莫大的关系，她错就错在太单纯，对人不留一手，把恶狼当知己，到头来还被恶狼咬了一口。而她之所以会犯这样的错误，主要源于她的依赖心理，在她看来，要想获得对方的支持、信任以及帮助，就必须向对方掏心窝子，而正是因为毫不设防，她才付出了沉重的代价。

可见，我们每个人在与人交往时，都必须要清除自己的依赖心理，都必须要学会管住自己的嘴巴，这也是自控的第一步。俗话说得好：“逢人只说三分话，未可全抛一片心。”少说话、说对话会让我们免除很多不必要的麻烦，为此，你需要记住以下几点：

1.在你没有完全确认一件事情之前，先别急于开口。举个简单的例子，这就好比你的钱未到账之前就不是你的，一旦出现意外，你会很尴尬。

2.不要做是非传闻的传播者。事实上，无论是你自己的秘密还是他人的秘密，你都不应该四处散播，即使别人把这一秘密告诉你，你也应该就地消化，到你为止。

3.说话要诚恳，不浮夸。也许夸张会渲染你说话的效果，但会给对方留下说话不靠谱的坏印象，令他很难相信你。

4.不要口无遮拦，不考虑他人的感受。在开口之前，请想想，对方是否能接受你的言辞、接受你的说话方式？

5.不要以为在背后说他人的坏话对方无法知道，实际上，没有不透风的墙，这些话迟早会传到他的耳朵里，那时，你会难以收场。

心理小贴士

人与人之间，交流必不可少，互诉衷肠，可以加深彼此的情感、拉近心理距离。但我们一定要管好自己的嘴巴，千万不要试图通过倾诉自己或者他人的秘密来赢得他人的支持和帮助，否则你会“损了夫人又折兵”。

自我独立，别总是依赖他人

人应该是独立的，独立行走，使人类脱离了动物界而成为万物之灵。我们的成长过程也是一个逐渐独立与成熟的过程。然而，现代社会，我们生活中有些人，他们对周围的人的依赖困惑着自己，一旦失去了可以依赖的人，他们便常常不知所措。如果你具有依赖心理而得不到及时纠正，发展下去就有可能形成依赖型人格障碍。

那些有依赖型性格的人，常常有一种无助感，总感到自己懦弱无助、无能、笨拙、缺乏精力，同时还有被遗弃感。他们将自己的需求依附于别人，过分地顺从于别人的意思，一切悉听别人决定，深怕被别人遗弃。当亲密关系终结时，他们则有被毁灭和无助的体验。他们缺乏独立性，不能独立生活，在生活上多须他人为其承担责任，做任何事都没有主见，在逆境和灾难中更容易心理扭曲。

其实，人生成功的过程也就是个人克服自身性格缺陷的过程。如果一个人过于依赖他人，那么，这种心理状态可能影响他未来的婚姻家庭等生活状况，同时也影响他的人际交往、职业升迁、事业发展……因此，如果你有依赖型性格，就必须从现在起，靠自己的努力去克服。

从前，有一对夫妇，到了晚年才得子，高兴异常，所以对这一“老来子”十分疼爱，几乎不让孩子做任何事，这个孩子除了吃喝以外，什么都不会。就这样，很快，这个孩子长大了。

一天，老两口要出远门，担心儿子在家没法照顾自己，因而想了一个办法：临行前烙了一张中间带眼儿的大饼，套在儿子的脖子上，告诉他想吃的时候就咬一口。

可是，这个孩子居然只知道吃颈前面的饼，不知道把后面的饼转过来吃。等老两口出门回来时，大饼只吃了不到一半，而儿子竟活活地饿死了。

这个故事告诉生活中所有的人，只有克服依赖心理，才具备生存的能力。“自己动手，丰衣足食”就是这个道理。

我们不难发现，社会上，有一些富家子弟，他们受到了教育的“温室效应”的毒害。教育的“温室效应”主要是指受教育者受到家庭、社会、学校，尤其是家庭方面的过分溺爱，造成他们任性固执、追求享受、独立性差、意志薄弱、责任感淡漠等弱点的社会现象。对于他们来说，消除对他人的依赖极为重要。

香港巨富李嘉诚的名字早已家喻户晓，尽管他拥有亿万家财，但对于子女的教育问题，他一直比较重视，并且，他非常注重培养孩子独立生活的能力，他这样做，是为了让孩子练就靠自己生存的本事。

李嘉诚有两个儿子，在他们只有八九岁时，他们就遵循父亲的意思经常参加董事会，并且，他们不能只是旁听，还必须发表意见和见解。这样做的好处在于，他们能看到长辈们是如何处理公司的事务的，能锻炼自己处理和分析问题的能力。

后来，他们都考上了美国斯坦福大学。毕业后，他们也曾向父亲表示想要在他的公司里任职，干一番事业，但是李嘉诚断然拒绝了他们的请求。

李嘉诚是这样对两个儿子说的："我的公司不需要你们！还是你们自己去打江山，让实践证明你们是否合格到我的公司来任职。"

于是，他们都去了加拿大，一个搞地产开发，一个去了投资银行。他们凭着从小养成的坚忍不拔的毅力克服了难以想象的困难，把公司和银行办得有声有色，成了加拿大商界出类拔萃的人物。

李嘉诚教育孩子的方法无疑是正确的，父母作为孩子成长的坚实后盾，永远在孩子的身后给予他们最多的支持与信任，及早放手是父母对他们最大的爱。

从李嘉诚的教育方式中，我们也应该获得启示：凡事靠自己，形成独立的性格，才能真正成长为一个顶天立地的人。为此，如果你是一个有依赖性的人，那么，从现在起，你必须学会自控，学会独立面对各种生活问题。为此，你需要做到以下几点：

一、要充分认识到依赖心理的危害

这就要求你纠正平时养成的习惯，提高自己的动手能力，不要什么事情都指望别人，遇到问题时要作出属于自己的选择和判断，加强自主性和创造性。学会独立地思考问题，要求有独立的思维能力。

二、不要总是指望他人的帮助

不可否认，人生在世，总要或多或少地依靠来自自身以外的各种帮助，比如，父母的养育、师长的教诲、朋友的关爱、社会的鼓励……可以说，人从呱呱坠地的那一刻起，就已开始接受他人给予的种种帮助。然而，许多人把自己立身于社会的希望完全寄托在父母和朋友的身上。这样的人，显然不可能在生活上自立自强、在事业上有所作为。有句话说：靠吃别人的饭过日子，就会饿一辈子。

三、明白求人不如求己的道理

面对人生的困境，你要懂得，求人不如求己。总想着依靠他人的帮助，总想着有人能在危难时搀扶你一把，你永远也无法完成任何伟大的事业。只有自主的人，才能傲立于世，才能傲视群雄，才能开拓自己的天地。潜能激励专家魏特利曾说过这样的话："没有人会带你去钓鱼，要学会自立自主。”

四、坚持自理

我们并不是儿童，对于生活问题，我们应该自己处理。即使你的家人希望为你代劳，你也应该拒绝，大胆地动手尝试，坚持自己动手，这样才能在潜移默化中培养自理能力。另外，你需要做到坚持到底，不要凭一时的新鲜感做事、不能保持持久，因为自理能力不是一朝一夕就能培养成的，你需要对自己进行反复的强化和持之以恒的锻炼。

五、学会独立应变生活中的一些问题

不管做什么事，总有一个从不会到会的过程。你应该尝试独立地去面对一些生活中的小问题。

心理小贴士

英国历史学家弗劳德说：“一棵树如果要结出果实，必须先在土壤里扎下根。”同样，一个人首先要学会依靠自己、尊重自己，不接受他人的施舍、不等待命运的馈赠。只有在这样的基础上，才可能做出成就。

彻底戒掉对烟酒的依赖心理

生活中，我们大多数人都知道烟酒对身体的危害，但不得不承认的是，我们周围，还是有很多人每天与烟酒为伍，甚至当烟酒已经对他们的健康产生威胁时，他们还是无法放弃烟酒。这是为什么呢？因为，在常年的烟酒生活中，他们已经产生了依赖心理。我们经常看到一些男士，茶余饭后朝沙发上一躺，继而点上一支香烟吞云吐雾，还美其名曰：“饭后一支烟，赛过活神仙。”在社会上，待人接物、走亲访友等社会活动，无一不是烟酒搭桥……当他们的家人问他们为什么要抽烟喝酒时，他们会回答：“没办法，应酬。”其实，这都是依赖心理在作怪。当你已经习惯了吃饭时喝酒、饭后抽烟的生活后，你还能轻易地戒掉吗？因此，要想戒烟戒酒，很多时候，你首先需要消除的是这种依赖心理。

其实，古今中外，有很多名人，他们对烟酒都有不同程度的癖好，但最终能戒烟戒酒的也不在少数；而他们戒烟戒酒的故事在成为后人的美谈之时，也带给人们很多启示。以下就是名人们戒烟的故事：

乾隆戒烟：乾隆皇帝很喜欢吸烟，几乎一有空闲时间就吸烟，后来经常咳嗽，便找来太医治疗。太医说，皇上的咳嗽源于吸烟伤肺，若要治咳，必须先戒烟。乾隆很听太医的话，戒了烟，咳嗽也很快治愈了。

严修戒烟：数十年前，我国天津南开大学的主要创办人严修至40岁时坚决戒烟，并且提倡戒烟“先从自身戒断，而后以戒他人”的主张。

当然，除了戒烟以外，还有很多名人成功戒酒。无论是戒烟还是戒酒，都需要我们有很强的自控能力。因为对烟酒的依赖多半都是心理的依赖，克服心理障碍，你就能成功戒除。

那么，具体来说，我们应该如何戒除对烟酒的依赖心理呢?

一、戒烟

我们知道，香烟中的尼古丁是危害人类健康、引发癌变的一种有害物质。然而，它也是一种能很快让人上瘾的物质。从现在起，如果你能做到以下几点，那么，你就可以在3~4个月内成功地戒烟。

1.将你曾经用过的打火机、烟灰缸以及现在正在抽的香烟都扔掉。

2.餐后喝水、吃水果或散步，摆脱饭后一支烟的想法。多喝水能帮助你排除体内的尼古丁，而你对它的渴望也会消减很多。

3.烟瘾来时，尽量推迟，不管你手头是否有烟，烟瘾发作其实往往就是那几分钟的工夫，只要熬过去就好了。你可以尝试着做深呼吸，这个动作类似吸烟，可以使你松弛些。

4.坚决拒绝香烟的引诱，经常提醒自己，再吸一支烟足以令戒烟的计划前功尽弃。

5.寻求帮助。你可以让你的朋友监督并奖励你，当你想抽烟时，让他们提醒你不要放弃；而当你成功戒烟一段时间后，可以让他们给你买个礼物。

6.避开吸烟环境。这点很重要，当你的朋友吸烟时，你最好离开现场，等他抽完再进行谈话，以免控制不住自己；同时，尽可能多地去禁烟场合，如电影院、博物馆、图书馆、百货商店等。

7.吃低热饮食。可以多吃些新鲜水果，常嚼些爽脆的蔬菜或口香糖；咖啡和酒类饮料会诱发烟瘾，均应避之。

8.加强锻炼。选择任何体育活动均可，即使如饭后散步这样强度不大的活动也能帮助你消除紧张感，令你的注意力从吸烟上转移开并集中于其他事情上。

9.奖赏自己。将过去本应买烟的钱存起来，几个月后给自己买一份别致的礼品或漂亮的衣服，你会感觉到这更值得和有意义。

但应记住：以上措施可能会对你戒除烟瘾有一定的帮助，但真正地要戒掉烟还要靠你自己的决心和毅力。

二、戒酒

曾经有人对酒作了以下经典的总结："酒，装在瓶里像水，喝到肚里闹鬼，说起话来走嘴，走起路来闪腿，半夜起来找水，早上起来后悔，中午酒杯一端还是挺美。"这句话鲜明地展现了酒精依赖者的状态。本来，适量饮酒，可以减轻人的疲劳感，使人忘却烦恼，令人心情舒畅，增加社交活动和节日中的欢聚喜庆气氛。但是，过量饮酒，以致饮酒成瘾，不仅危及自己的健康和家庭的幸福，也会对社会造成种种危害。要彻底地戒除酒瘾，关键是当事人必须真正认识到过量饮酒的危害性，必须下决心戒酒。对此，苏轼曾写诗戒酒。

“明月几时有？把酒问青天。”这是苏轼对酒的最深切的感悟。他平日里就爱喝点小酒，但他的体质很不适合这种物质。

被贬黄州期间，他曾发病，两眼通红，右眼几乎失明；再贬至惠州时，仍以酒为伴，又诱发痔疮，卧床两个月；三贬海南时，酒热又在不良情绪中导致痔疮，并热毒及脏，用药不灵。

幸亏有懂得养生之道的胞弟苏辙赶来看望他，耐心劝慰，还特为他朗读陶渊明的《止酒》一诗，恳劝其从此戒酒。

感动中的苏轼，立马写下《和陶止酒》一诗。诗中云“从今东坡室，不立杜康祀”。自此，苏轼除了留下一个荷叶杯作纪念外，其余多年积存的酒具，通通卖掉。

心理小贴士

如果你想成为一个让人敬重的人，如果你想成大事，就一定要有毅力，而毅力始自控制自己的口腹之欲，如果你是个对烟酒有依赖心理的人，那么，你必须要有坚强的毅力戒除它。

调整心态，别总是让坏脾气越轨

哲人说，太阳底下所有的痛苦，有的可以解决，有的则不能，如有办法就去寻找，如无办法就忘掉它。我们知道，天有不测风云，人有旦夕祸福，我们应该学会承担生活的不如意，而不能一遇到事就发脾气。当然，每个人都有脾气，因此，控制自己的脾气也需要一个过程，每个人的自控能力不是一下子就能形成的。坏脾气自控，需要我们从调整心态开始。

有时候，有些事，调整一下心态，一切就会不同。

从前，有一对孪生姐妹，姐姐嫁给了一个有钱人，过上了锦衣玉食的生活，但她似乎并不快乐。妹妹则嫁给了一个开豆腐作坊的穷人。有一天，闲来无事的姐姐想去看看妹妹过得怎么样。来到妹妹家，她看到妹妹正在辛勤劳作，并唱着歌儿。姐姐恻隐之心大发，说："你这样辛苦，只能唱歌消烦，我愿意帮助你，让你们过上真正快乐的生活，谁让我们是姐妹呢！"说完，她放下了一大笔钱，送给妹妹。

这天夜里，姐姐回到家后，躺在床上想："妹妹不用再这么辛苦地做豆腐了，她的歌声会更响亮的。"

第二天一早，姐姐又来到作坊，却听不到妹妹的歌声了。她想，妹妹可能激动得一夜没睡好，今天要睡懒觉了。

但第三天、第四天，还是没有歌声。姐姐好奇怪。就在这时，妹妹拿着姐姐给自己的钱，着急地对姐姐说："我正要去找你，还你的钱。"

姐姐问："为什么？"

"没有这些钱时，我每天做豆腐卖，虽然辛苦，但心里非常踏实。每天晚上，我能和丈夫、孩子一起数今天赚了多少钱。而自从拿了这一大笔钱，我和丈夫反而不知如何是好了——我们还要做豆腐吗？不做豆腐，那我们的快乐在哪里呢？如果还做豆腐，我们就能养活自己，要这么多钱做什么呢？放在屋里，又怕它丢了；做大买卖，我们又没有那个能力和兴趣，所以还是还给你吧！"

姐姐非常不理解，但还是收回了钱。第二天，当她再次经过豆腐坊时，听到里边又传出了小夫妻俩的歌声。这时，她似乎知道为什么妹妹过得比自己幸福了。

听完这个故事，可能也有些人有所感悟，的确，金钱、权力、地位都不是我们幸福的源泉，换个思维方式，专注、体会身边的幸福生活，并不断感悟，我们的幸福指数才能不断上升。

美国的一位心理专家说："我们的恼怒有80%是自己造成的。"而他把防止激动的方法归结为这样的话："请冷静下来！要承认生活是不公正的。任何人都不是完美的。任何事情都不会按计划进行。"

意大利著名的皮衣商安东尼·迪比奥谈到自己成功的经验时不无感慨地说："其实，我并不是一个天生的成功者，许多人都比我更聪明、更有才华。我唯一比他们强的只不过是我更容易控制自己的情绪罢了。我很冷静，从不为那些情绪化的事情浪费时间和精力——我的意思是说，我享受不起那种感伤。"

然而，现实生活中，有一些人特别容易情绪化，遇喜则喜，遇悲则悲，如遇不满，甚至破口大骂，很多不文明的举动相继爆发出来，形象全无。事实上，日常工作和生活中，令我们生气的事实在太多，我们根本没必要去愤怒，我们大可以把关注的视角放在事物的另外一个方面，对这一方面的联想往往能使我们心平气和下来，长此以往，我们便能修炼出良好的心性。所谓的心性，就是一个人的善恶成分、好与坏、正确与错误、如何判断自我与外界关系的一种综合反映。

事实上，心性的好坏，对于他人所产生的影响力倒是次要的，它最重要的是对个人心态的影响，而个人心态直接影响的是个人的命运、成败得失、幸福与否等。

心性健康的人，他们的眼里都是美好的事物，比如，阳光、欢乐、温暖、健康。当遇到危险的时候，他们有回避的能力，因此，他们有意愿并且有能力把日子过得顺心，就是遇到挫折，也能自我调整，能较自然地处在一种对事物的全面理解中。相反，那些心性不好的人，很明显，因为他们关注的视角不同，所以他们的生活是很难幸福的。

具体来说，你可以这样做：

一、积极的语言暗示

日常生活中，我们运用语言多半是为了与人交谈，其实，语言还有很多其他的功用，其中就包括心理暗示，语言暗示对人的心理乃至行为都有着奇妙的作用。

为此，当你心有不快，想要通过发火的方式来发泄时，你可以通过语言的暗示作用来调整自己，以使自己的不快得到缓解。达尔文说过：“人要是发脾气就等于在人类进步的阶梯上倒退了一步。愤怒是以愚蠢开始，以后悔告终的。”比如，你的朋友做了伤害你的事，你很想找他理论并将他骂一顿，那么，此时，为了不让事情产生严重的后果，你在冲动前可以告诉自己：“千万别做蠢事，发怒是无能的表现。发怒既伤自己，又伤别人，还于事无补。”在这样的一番提醒下，相信你的心情会平复很多。

二、放松、调整自己

生活中，你经常会遇到一些令你不快的事，憋在心里只会让自己心情更郁闷，此时，你可以找个发泄的方式，但一定要注意你的发泄是否会影响到他人。因此，最好的方法就是到一个无人的地方大喊几声，或者去从事一些体力劳动、去操场锻炼身体，当你的这些心理压力通过身体上的能量转换成汗水以后，你的心情就会好很多，气也就顺些了。当你生气的时候，你可以拿出你的小镜子，看看生气时候的你是多么难看，既然如此，不如笑笑，你笑，镜中也笑，这样一来，怨恨、愁苦、恼怒也就没有了。

另外，你可能会认为，一个坚强的人就应该始终不哭，因为哭是懦弱的，其实并不是如此，在过度痛苦和悲伤时，哭也不失为一种排解不良情绪的有效办法。哭不仅可以释放身体内的毒素，还能释放能量，调整机体平衡。在亲人和挚友面前痛哭，是一种真实感情的爆发，大哭一场，痛苦和悲伤的情绪会减少许多，心情也会痛快许多。流眼泪并非懦弱的表现。所以，你该哭当哭，该笑当笑，但要把握好一个度，否则会走向反面。

三、自我激励，原谅对方

激励是人们精神活动的动力之一，也是保持心理健康的一种方法。当周围的人让你生气时，你不妨自我激励，告诉自己，如果我原谅他了，我的品质就又提升了一步，这样一来，自然就能压制住发火的倾向。

四、创造欢乐法

心绪不佳、烦恼苦闷的人，看周围的一切都是暗淡的，看到高兴的事也笑不起来。这时候，如果想办法让自己高兴起来、笑起来，就能将一切烦恼抛到九霄云外。笑不仅能去掉烦恼，而且可以调节精神，促进身体健康。

心理小贴士

每个人都有不良的情绪，都有坏脾气，这很正常，但对于这一陋习，我们要学会调控，那些自控能力差的人多半都会选择宣泄自己的坏脾气，久而久之，他们就会赶走身边所有的朋友。当然，对于坏脾气，我们也不能长久地将其压抑在心中，正所谓“堵不如疏”，调整一下心态，我们看到的就是完全不同的世界。

第11章

集中精神，控制身心专注于眼前事

生活中，每个人都会有自己的理想，要么是科学家，要么是作家，要么是商人等，但最终并不是每个人都能实现自己的梦想。这是为什么呢？因为并不是每个人都能一步一个脚印地朝着自己的目标努力。专注力是自控能力的一个方面，做自己擅长的事、脚踏实地是做成大事的另一法宝。因此，我们每个人都应该提升自己的专注力，学会自如地控制自己的思维和心理。

提升专注力，专注于眼前事

伊格诺蒂乌斯·劳拉有一句名言："一次做好一件事情的人比同时涉猎多个领域的人要好得多。"托马斯·爱迪生曾说过："成功中天分所占的比例不过只有1%，剩下的99%都是勤奋和汗水。"的确，若在太多的领域内都付出努力，我们难免会分散精力，阻碍进步，最终一无所成。也就是说，我们每个人，只有专心致志于一行一业，不腻烦、不焦躁，埋头苦干，不屈服于任何困难，坚持不懈，才能有所成就。只要你坚持这样做，就能造就优秀的人格。专注力属于自控力的一个方面，需要我们在日常生活中逐渐培养，只有这样，你的人生才会开出美丽的鲜花，并结出丰硕的果实。

莫泊桑是19世纪法国著名作家。他从小酷爱写作，孜孜不倦地写下了许多作品，但这些作品都是平平常常的，没有什么特色。莫泊桑焦急万分，于是，他去拜法国文学大师福楼拜为师。

一天，莫泊桑带着自己写的文章去请福楼拜指导。他坦白地说："老师，我已经读了很多书，为什么写出来的文章还是不够生动呢？"

"这个问题很简单，是你的功夫还不到家。"福楼拜直截了当地说。

"那——怎样才能使功夫到家呢？"莫泊桑急切地问。

"这就要肯吃苦、勤练习。你家门前不是天天都有马车经过吗？你就站在门口，把每天看到的情况都详详细细地记录下来，而且要长期记下去。"

第二天，莫泊桑真的站在家门口，看了一天大街上来来往往的马车，可是一无所获。接着，他又连续看了两天，还是没有发现什么。万般无奈，莫泊桑只得再次来到老师家。他一进门就说："我按照您的教导，看了几天马车，没看出什么特殊的东西，那么单调，没有什么好写的。"

"不，不不！怎么能说没什么东西好写哟？那富丽堂皇的马车跟装饰简陋的马车是一样的走法吗？烈日炎炎下的马车是怎样走的？狂风暴雨中的马车是怎样走的？马车上坡时，马怎样用力？马车下坡时，赶车人怎样吆喝？他的表情是什么样的？这些你都能写清楚吗？你看，怎么会没有什么好写的呢？"福楼拜滔滔不绝地说着，一个接一个的问题，都在莫泊桑的脑海中打下了深深的烙印。

从此，莫泊桑天天在大门口，全神贯注地观察过往的马车，从中获得了丰富的材料，写了一些作品。于是，他再一次去请福楼拜指导。

福楼拜认真地看了几篇，脸上露出了微笑，说："这些作品，表明你有了进步。但青年人贵在坚持，才气就是坚持写作的结果。"福楼拜继续说，"对你所要写的东西，光仔细观察还不够，还要能发现别人没有发现和没有写过的特点。如你要描写一堆篝火或一株绿树，就要努力去发现它们和其他的篝火、其他的树木不同的地方。"莫泊桑专心地听着，老师的话给了他很大的启发。福楼拜喝了一口咖啡，又接着说："你发现了这些特点，就要善于把它们写下来。今后，当你走进一个工厂的时候，你就描写这个厂的守门人，用画家的那种手法把守门人的身材、姿态、面貌、衣着及全部精神、本质都表现出来，让我看了以后，不至于把他同农民、马车夫或其他任何守门人混同起来。"

莫泊桑把老师的话牢牢地记在心头，更加勤奋努力。他仔细观察，用心揣摩，积累了许多素材，终于写出了不少有世界影响的名著。

的确，和莫泊桑一样，很多成功者之所以成功，就是因为在专注的过程中经过了沮丧和艰苦的磨炼，这才造就了天才。福韦尔·柏克斯顿认为，成功来自一般的工作方法和特别的勤奋用功，他坚信《圣经》的训诫："无论做什么，你都要竭尽全力！"他把自己一生的成就归功于对"在一定时期不遗余力地做一件事"这一信条的实践。

相反，那些对奋斗目标用心不专、左右摇摆的人，对琐碎的工作总是寻找遁词、懈怠逃避，他们注定是要失败的。如果我们把所从事的工作当作不可回避的事情来看待，我们就会带着轻松愉快的心情，迅速地将它完成。瑞典的查尔斯九世在他还年轻的时候，就对意志的力量抱有坚定的信念。每每遇到什么难办的事情，他总是摸着小儿子的头，大声说："应该让他去做，应该让他去做。"和其他习惯的形成一样，随着时间的流逝，勤勉用功的习惯也很容易养成。因此，即使是一个才华一般的人，只要他在某一特定的时间内全身心地投入和不屈不挠地从事某一项工作，他也会取得巨大的成就。

那么，具体来说，我们应该如何提升自己的专注力呢？

一、一次只做一件事

如果你决定了做一件事，你就要做到专注，然后，你需要问自己："在这些要做的事情中间，哪件事最重要？"选出那件最棘手的事，然后保证自己在接下来的一段时间内只专注于它。

二、排除干扰

在你准备做一件事时，请收拾好你的书桌、关闭手机、关闭电脑的浏览器等，避开那些容易使你分心的事，你的学习和工作效率就会提高很多。

三、动机

明确你办事的动机会有助于加强你的专注力，并且能让你完成任务。你要知道你为什么要去专注于某事，而且要清楚如果你不专注于此事会有什么样的后果。

此外，你可以想象一下，假如你朝着一个方向前进，你的生活将会是什么样子的；想象一下你理想中的生活，让它清晰可见，并让它时刻浮现在你的脑海中。

四、深呼吸

当你开始新的一天时，问自己一个问题，“我在呼吸吗？”然后做几次深呼吸，接着问你自己：“我现在感觉放松吗？”如果你的回答是“不太放松”，那么先什么也不要做，继续深呼吸。

五、享受当下

当下是我们所拥有的一切。生活只存在于当下，珍视它、祝福它、感激它、体验它。不论你在做什么，一定要充实地生活……

在对价值目标的追求中，坚忍不拔的决心是一切真正伟大品格的基础。充沛的精力会让人有能力克服艰难险阻，完成单调乏味的工作，忍受其中琐碎而又枯燥的细节，从而使其顺利地通过人生的每一处驿站。

心理小贴士

阿雷·谢富尔指出："在生活中，唯有精神和肉体的劳动才能结出丰硕的果实。奋斗、奋斗，再奋斗，这就是生活，唯有如此，才能实现自身的价值。我可以自豪地说，还没有什么东西曾使我丧失信心和勇气。一般说来，一个人如果具有强健的体魄和高尚的目标，他就一定能实现自己的心愿。"总之，人生路上，我们不要有太多的空想，而要专注于眼前的工作。在生活中的多数情况下，对枯燥乏味工作的忍受和含辛茹苦，应被视为最有益于人身心健康的原则。

尝试热爱，就会真的产生热情

人生在世，要有一番成就，就必须要有目标，这是毋庸置疑的。正是因为这一点，现实生活中的很多人，他们认为自己当下的工作根本谈不上是"惊天动地的事业"，于是，他们总是渴望拥有一份更能发挥自己能力与价值的工作，以致对自己的本职工作心不在焉。实际上，热爱我们的工作并做到专心致志、全力以赴，是每个社会人的职责，也是让自己快乐的源泉。我们死心塌地地对待我们所做的工作时，就能产生火热的激情，它能让我们每天在工作中全力以赴，久而久之，持续努力的付出自然会有回报，你将因出色的表现获得巨大的成就。失去热情，必然会失去继续前行的动力；失去激情，必然会失去战胜困难的勇气，不敢面对挑战，这样的人生必然乏味而无聊。

成功始于源源不断的工作热忱，你必须热爱你的工作。热爱你的工作，你才会珍惜你的时间，把握每一个机会，调动所有的力量去争取出类拔萃的成绩。

朱莉现在已经是一家连锁餐饮企业的老板了，现在的她，每天脸上都挂满笑容。而六年前，她只不过是一家餐厅的侍应生。她的丈夫保罗也只不过是一名交警。虽然那时候他们每天都很快乐，然而保罗和朱莉都梦想着有一天能拥有他们自己的事业。他们特别喜欢冰激凌，并为经营一家冰激凌店做了一些调查工作，但是他们并没有发现合适的机会。

有一次，一个客人来店里吃饭，朱莉无意中和他聊了几句，原来，对方是一家名为“酷圣石”的冰激凌店的老板。这引起了朱莉的兴趣。经过数次的拜访和考察，她和丈夫一致认为这就是他们长期以来所寻找的机遇。于是，他们决定冒险投资。

当你进入朱莉的这家冰激凌店之后，你会发现，朱莉工作起来是如此热情洋溢。不论你什么时间去买冰激凌，总会有一个人一直守在店里。与此同时，保罗还保留着警察这份职业。而他们确实是在享受自己所做的工作。

詹姆斯·巴里说：“快乐的秘密，不在于做你所爱的事，而在于爱你所做的事。”工作在我们的人生中占据了大部分最美好的时光。比尔·盖茨有句名言：“每天早上醒来，一想到所从事的工作和所开发的技术将会给人类生活带来巨大的影响和变化，我就会无比兴奋和激动。”

事实上，即使你现在感觉厌烦工作，也应坚持再作一些努力，忍辱负重、积极向前，这将开启人生的根本转变。

小李高考落榜后，就开始在一家汽车修理厂工作。从他开始工作的第一天开始，他就对自己的工作充满了不满。他不断抱怨：“修理这活太脏了，瞧瞧我身上弄得。”“真累呀，我简直讨厌死这份工作了。”“要不是考试中出了点失误，我现在都是名牌大学的学生了。做修理这活太丢人了！”

每天，小李都在煎熬和痛苦中过日子，但他又害怕失去这份工作，于是，只要师父不在，他就耍滑偷懒，随意应付手中的工作。

几年过去了，与小李一同进厂的三个工友，凭着自己的手艺，或另谋高就，或被公司送进大学进修；独有小李，仍旧在抱怨声中做他蔑视的修理工。

可见，无论你正在从事什么样的工作，要想获得成功，就要对自己的工作充满热爱。如果你也像小李那样鄙视、厌恶自己的工作，对它投注“冷淡”的目光，那么，即使你正从事最不平凡的工作，你也不会有所成就。

有句话说得好：“选择你所爱的，爱你所选择的。”为了培养你对工作的热情，你需这样做：

首先，在择业之前，你应该考虑自己的兴趣。如果你的工作在某些方面真的令你缺乏兴趣，也并非一定要强迫你在工作的时候一直保持微笑。一般情况下，如果你真的不喜欢自己所做的事情，对它缺少积极性，那么就是不值得的。不管你得到的薪水有多高，不管你的职业生涯攀上了多少高峰，都是不值得的。

如果你并不了解自己的兴趣所在，你怎样才能挖掘出它们呢？有很多方法可以令你做到这一点。例如，在你目前的工作中，你最喜欢它的哪些方面？是和他人共处，还是不和他人共处？是智力挑战，还是解决问题或者某个问题在某一天结束的时候有了具体答案的满足感？

倘若你已经有了一份不错的工作，那么，不妨尝试着热爱它。

其实，并不是所有工作都是那么妙趣横生的，甚至绝大部分工作都会因为工作环境的一成不变而变得枯燥乏味。许多在大公司工作的员工，他们拥有渊博的知识，受过专业的训练，有一份令人羡慕的工作，拿一份不菲的薪水，但是他们中的很多人对工作并不热爱，视工作如紧箍咒，仅仅是为了生存而不得不出来工作。他们精神紧张、未老先衰，工作对他们来说毫无乐趣可言。

可见，一件工作有趣与否，取决于你的看法。对于工作，我们可以做好，也可以做坏；可以高高兴兴和骄傲地做，也可以愁眉苦脸和厌恶地做。如何去做，这完全取决于我们。所以，既然必须工作，何不让自己充满活力与热情呢?

因此，无论你现在从事什么样的工作，你都应该学会热爱它，即使这份工作你不太喜欢，你也要尽一切能力去转变，并凭借这种热爱去发掘内心蕴藏着的活力、热情和巨大的创造力。事实上，你对自己的工作越热爱、决心越大，你的工作效率就越高。

当你抱有这样的热情时，上班就不再是一件苦差事，工作就会变成一种乐趣，就会有许多人愿意聘请你去做你更热爱的事。如果你对工作充满热爱，你就会从中获得巨大的快乐。

设想你每天工作的8小时就等于是在快乐地游泳，这是一件多么惬意的事情!

另外，从工作中寻找成就感也会让你爱上这份工作。比如，如果你是教师，你可以通过观察每个学生在学习上的进步、心智的成长来获得乐趣；如果你是个医生，你可以以帮助病人排除病痛为己之快乐。另外，你还应该认识到，在每一份工作中，我们都会学到不同的知识。

总之，你要记住，重要的并不是你付出了多少，而是你怎样为之付出。你在工作中应抱有激情和热心，尽自己最大的能力去做，不管得到多少，始终以这种良好的心态来享受工作带来的乐趣！

心理小贴士

不管怎样，竭尽全力、专心致志、全神贯注于本职工作，这样，你就会在痛苦之中逐步产生喜悦感和成就感。“热爱”和“全神贯注”就如硬币的正反两面，是因果关系的循环。热爱才能全神贯注，全神贯注地去做，渐渐地就会热爱。当然，最初难免有些勉强。但是，必须要反复地对自己说：“我正在从事一项了不起的工作。”“这是多么幸运的工作啊！”如此一来，你对工作的态度自然会有大的转变。

专注于今天，不让心分神

生活中，任何一个积极向上的人，都对自己的未来满怀信心，并树立了伟大的理想。理想能指导行动，让我们的努力有一个明晰的主线。事实上，在追求梦想的过程中，一些人很难沉下心来，他们每天都在展望自己的未来，而不是踏实地工作、生活，然而，这样只能让心智沉浸其中，只会陷入人生的陷阱。有首古诗说得好，“明日复明日，明日何其多。我生待明日，万事成蹉跎。”如果你还沉浸在对未来的一些不切实际的幻想中，那么，你一定要收回思维，让心和思考都在一条直线上——今天。只有把每一天过得实在、有意义，把每一天的学习、工作任务及时完成了，才能在每一天悄悄地成长、慢慢地长大。当你回过头来的时候，你会惊讶地发现，原来自己的每一天过得这样充实，你会为自己感到骄傲和自豪。

的确，今天不过去，明天就不会来到，再伟大的理想，如果没有一天一天的累积，也会倾塌。在生活中，输得最惨的往往是些聪明人，而不是笨人。原因就在于笨人知道自己不够聪明，只有靠苦干、实干才能创造好的生活，最终他们如愿以偿了；而聪明人做事时不肯下力气，总想着要小聪明，投机取巧，所以往往输得很惨。因此，智慧和实干比起来，实干更加不可或缺。

威廉斯勒曾经是英国某医学院的一名学生，他的成功来自他老师的一句话的启迪。

那还是1871年春天的事情。那时候，威廉斯勒正处在心情烦躁之中，因为他不知道如何处理远大的理想和具体的身边小事之间的关系，也不知道自己该如何做事才能成功。于是，他去请教他的老师，老师告诉他：“最重要的，就是不要去看远方模糊的，而要做手边最具体的事情。”他这才恍然大悟：是啊，不论多么远大的理想，都需要一步步实现；不论多么浩大的工程，都需要一砖一瓦垒起来。

也就是从那一天开始，威廉斯勒专注于埋头读书，两年以后，威廉斯勒以全校最优异的成绩毕业。毕业后，他来到一家医院做医生。他认真地对待每一个患者，对每一次出诊都一丝不苟。兢兢业业的态度和精益求精的精神，使他很快成了当地的名医。几年以后，他创办了一家医学院。他把自己的人生态度贯彻到每一个细节里。许多专家学者慕名来到他的学院工作，使他的学院很快成为英国乃至世界最知名的医学院。威廉斯勒总是告诉他身边的人：最重要的是把你手边的事情做好，这就足够了。

威廉斯勒为什么能成功？因为他从他的老师的话中悟出，一个人，只有踏实努力，充实地过好每一天，把自己的人生态度贯彻到每一个细节中，由量的积累达到质的飞跃，才能将理想化为现实。

我们再来看下面一个寓言故事：

这天，一只老马带领一群小马去电影院看电影。

“现在，只有10分钟就到电影院。”

又走了20分钟，这些小马在河边停了下来。奇怪得很，小马们虽然走了近一小时，却并不怎么觉得疲惫。

老马给它们解释不疲惫的原因。

“今天所走的路，你们应常常记在心里。这是生活艺术的一个教训。无论你们离目标有多遥远的距离，都不要担心。把你们的精神集中在10分钟内的距离，别让那遥远的未来令你们烦闷。”

将“精神集中在10分钟内的距离”，多么睿智的解释。然而这也是很多人目前最缺乏的。他们往往将目标着眼于大处，而忽略了小的问题。一座建筑是由一砖一瓦砌成的，一砖一瓦本身显得并不重要，但是缺少了它们，高楼如何建起？同样的道理，成功者的一生，是由无数个看上去微不足道的小方面构成的。

很多时候，美好的憧憬总会若隐若现地给人幻觉，让人们觉得自己离它很近，只要完成几小步的跨越就可以到达。其实不然。现实的境地并不会因为你的想象而变得容易。

如果一个人不重视眼前的实际，身处“这山望着那山高”的境地，那表示他忘记了理想必须扎根在现实的土壤里这一原则，最终只能被理想和现实同时抛弃。你在人生的过程中会看到许多山峰，但你不可能翻越每一座山峰，得到所有美好的东西。命运对任何人都是公平的，当你为没有得到而苦恼时，还是仔细想一下自己将会失去什么吧！

着眼于眼前，要求我们不仅要懂得“收心”，更要“收回思维”，思维走得太远，心和行动跟不上，再伟大的梦想也会成为泡影。因此，我们要重视当下工作中的每一件小事、每一个细节。事情天天在做，但离真正把事情做好、做到位还有一段距离。小事做不了，何以成大事？在诸多工作中出现的问题，恰恰是这些细节、小事的不到位，思想上的一点点马虎，执行上的一点点疏忽大意，就会导致结果上出现很大的差异。有的人工作已经做好一大半，有的人甚至做到了99%，就差1%，但就是这点细微的区别，使他们在事业上很难取得突破和成功。

生命中的大事皆由小事累积而成，没有小事的累积，也就成不了大事。只有了解了这一点，我们才会开始关注那些以往认为无关紧要的小事，开始培养自己做事一丝不苟的美德，养成做事不打折扣、不留尾巴的习惯，养成做事少出差错，甚至不出差错的习惯。

一位父亲告诫他的孩子说：

“无论你以后做什么样的工作，都要做到一丝不苟、认认真真、全力以赴。要是你能做到这一点，你就不必担忧自己没有好前途。你看这世界上，到处都是散漫、粗心的人，做事善始善终的人是供不应求、深受欢迎的，只有认认真真做事的人才是未来竞争中的胜利者。”

这位父亲的话是有道理的，一个人的成功并不在于他在做什么，而在于他有没有做到最好、做到位。成功者之所以成功，就是因为他们具备一个品质——专注于一件事并追求极致。因此，我们在学习、生活和工作中应该以更高的标准来要求自己，能做到更好，就必须做到更好，能完成百分之百，就绝不只做百分之九十九。

当然，专注于手头的事、过好每一天，并不是说我们要做工作狂，相反，我们更要懂得劳逸结合，学会享受生活。

心理小贴士

任何一个渴望成功的人，都必须学会沉下心来进入自己的世界，越早进入就意味着越早地步入事业的轨道。因此，动用你的全部智能吧，把自己的工作做得比别人更完美、更快捷、更准确、更专注、更出色，你就能实现你心中的愿望，你就能成就你远大的理想。

专注加坚持，就能看到成就

古人云：“有志者、事竟成，破釜沉舟，百二秦关终属楚；苦心人、天不负，卧薪尝胆，三千越甲可吞吴。”这句话的意思就是，只要我们坚持到底，无论梦想多大，都有实现的可能。我们常常发现，有许多人在做事时，最初都能保持旺盛的斗志，然而，随着遇到的挫折的增多，他们变得懈怠，热情也退却了，最终放弃了希望，失去了自己应有的成功。

的确，某些看起来平凡的、不起眼的工作，只要我们能坚韧不拔地去做、坚持不懈地去做，这种持续的力量就能帮助我们获得事业的成功。

当然，在坚持的过程中，你可能会遇到一些压力和困难，但你要明白的是，此时你更应该有超强的自控力，再坚持一下，也许转机就在下一秒。正如巴甫洛夫所说："如果我坚持什么，就是用炮也不能打倒我！"

老亨利是一家大公司的董事长，他是位和蔼的老人。有一次，产品设计部的经理汤姆向老亨利汇报说："董事长，这次设计又失败了，我看还是别再搞了，都已经第九次了。"汤姆皱着眉头，神情非常沮丧。

"汤姆，你听我说，我让你来设计，就相信你能成功。来，我给你讲个故事。"老亨利吸了一口雪茄，开始讲起来，"我也是个苦孩子，从小没受过什么正式教育。但是，我不甘心，一直在努力，终于在31岁那年发明了一种新型的节能灯，这在当时可是个不小的轰动呢！但我是个穷光蛋，要进一步完善需要一大笔资金。我好不容易说服了一个私人银行家，他答应给我投资。可以预见，一旦我这种新型节能灯投放市场，其他灯的销路就会被阻断，所以就有人暗中阻挠我成功。而且，谁也没想到，就在我要与银行家签约的时候，我突然得了胆囊症，住进了医院，大夫说必须马上做手术，否则就会有危险。那些灯厂的老板知道我得病了，就开始在报纸上大造舆论，说我得的是绝症，骗取银行的钱来治病。结果，那位银行家不准备投资了。更严重的是，有一家机构也正在加紧研制这种节能灯，如果他们抢在我前头，我就完蛋了！我躺在病床上简直是万分焦急，最后只能铤而走险，不做手术，如期地与那位银行家见面。

“见面前，我让大夫给我打了镇痛药。和银行家见面后，我忍住剧烈的疼痛，装作没事似的，和银行家谈笑风生。但时间一长，药劲过了，我的肚子就像刀割一样疼，后背的衬衣也让汗水湿透了。可我仍然咬紧牙关，继续周旋。我当时心里就只剩下一个念头：再坚持一下，成功与失败就在能不能挺住这一会儿！病痛终于在我强大的意志力下低头了，最后我终于取得了银行家的信任，签了合约。我在送他到电梯口时脸上还带着微笑，并挥手向他告别。但电梯门刚一关上，我就扑通一下倒在地上，失去了知觉。提前在隔壁等我的医生马上冲过来，用担架将我抬走。后来据医生说，我的胆囊当时已经积脓，相当危险。知道内情的人无不佩服我的这种精神。我呢，就靠着这种精神一步步走到现在。”

汤姆被老亨利的故事感动了，他感到万分惭愧。和董事长相比，自己遇到的这点压力又算什么呢？

“董事长，您的故事让我非常感动，从您身上我真正体会到了再坚持一下的精神。我非常感谢您给我的鼓励和提醒。我回去再重新设计，不成功，誓不罢休。”汤姆挺着胸，攥着拳，脸涨得通红，说话的声音都有些颤抖。

事实是最好的证明，在试验进行到第十二次的时候，汤姆终于取得了成功。

任何人、任何事情的成功，固然有很多方法，但最根本的就是坚持。不管遇到什么困难，只要风雨无阻并相信自己能成功，就一定会迎来曙光、迎来成功。老亨利和汤姆的成功就是最好的证明。相反，如果我们老在前进的道路上给自己设置重重的心理障碍，如果我们总是让自己刚迈出的脚步又退回原点，我们又如何战胜压力走向终点呢？唯有抱着一种不怕输、不认输的精神，有一种失败后再坚持一下的勇气，才能最终获得成就。

现实生活中，有这样一些人，他们早已为自己树立了人生目标，并告诉自己，一定要实现自己的目标。随着时间的推移，他们发现，努力是如此需要恒心的一件事，目标也实在遥远，这样看来，自己是不可能收获胜利果实的。现实案例告诉我们，90%的失败者其实不是被打败，而是自己放弃了成功的希望。因此，我们需要记住的是，无论遇到什么，我们都要有自控力，都要咬紧牙关，不要放弃最后的努力。因为成功与不成功之间的距离并不是一道巨大的鸿沟，它们之间的差别只在于我们是否能够坚持下去。

也许，现在的你正在从事一项简单、烦琐的工作，你感受到了前所未有的压力，感受到了自己前途的渺茫，但请你记住，这才是人生的精彩之处。相反，如果一个人的一生太幸运、太安逸，他就远离了压力的考验，反而会变得毫无追求，前途苍白黯淡。一旦失去了必要的压力，就会驻足不前，你就等于失去了成功的基石，有一天你会发现自己的身后只剩一片悬崖。因此，面对现实工作给自己带来的压力，不要总是想着给自己减压，反而应适当地给自己加压。因为压力是孕育成功的土壤，只有在沉重的现实面前，潜能才能被压力激发出来。当无法摆脱压力时，你应该反复地对自己说："感谢生命之中的压力，这是生活对我的挑战和考验。""这是上天催促我努力学习、积极工作、奋发向上的动力。"换个角度去看问题，改变态度，困难和压力也会很快得以缓解。

心理小贴士

事实证明，任何一个人，之所以取得成功，是因为他付出了超乎常人的努力。一个人要想获得人生的幸福，那么每一天都应该勤奋工作。付出是一个长期的过程，只要坚持，就一定能够获得不可思议的成就。

参考文献

[1][美]弗兰克·哈多克.意志力的力量[M].北京：北京大学出版社，2017.

[2]李敏.自控力[M].北京：中国法制出版社，2018.

[3][美]凯利·麦格尼格尔.自控力：和压力做朋友[M].北京：北京联合出版公司，2017.

[4]林均伟.自制力：根治拖延瞎忙没时间[M].北京：北京时代华文书局，2014.

[5]高原.自制力[M].南京：江苏文艺出版社，2013.